AF389985

LE PALMIER A HUILE

Publications de l'Institut Colonial de Marseille
sur les Matières Grasses

MÉMOIRES ET RAPPORTS SUR LES MATIÈRES GRASSES

TOME I

**La Production des Colonies Françaises en Oléagineux
L'Olivier - Le Lin - Le Cocotier - L'Arachide - Le Sésame
Le Ricin - Le Soja - Produits et Graines diverses
Bibliographie des Matières Grasses**

TOMES II, III, IV
Le Palmier à Huile

LES AMANDES ET L'HUILE DE PALME

Préparation - Commerce - Industrie

(Epuisé)

BULLETIN DES MATIÈRES GRASSES

Publication mensuelle

CATALOGUE EN FICHES

DE LA

BIBLIOGRAPHIE DE LA CHIMIE

ET DE L'INDUSTRIE DES MATIÈRES GRASSES

INSTITUT COLONIAL DE MARSEILLE

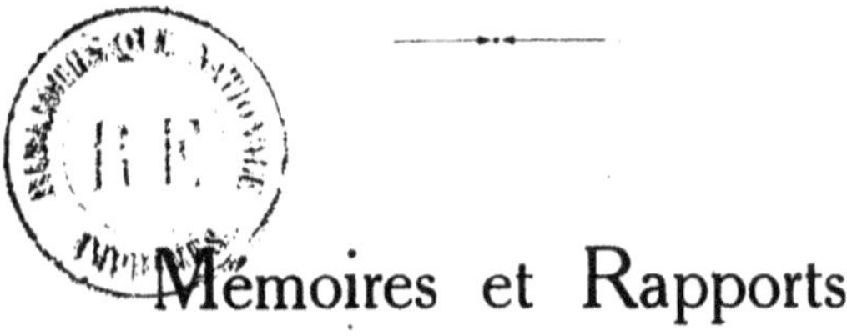

Mémoires et Rapports

sur les

MATIÈRES GRASSES

TOME IV

LE PALMIER A HUILE

LA CULTURE DU PALMIER A HUILE
ET LA PRÉPARATION DES HUILES ET AMANDES DE PALME

Par G. VAN PELT

Docteur ès-sciences
Ancien Inspecteur de la Société Financière des Caoutchoucs à Sumatra,
Directeur Général de la Société Indochinoise de Commerce,
d'Agriculture et de Finances.

LE TRAITEMENT DES FRUITS DU PALMIER A HUILE

Nouveaux Procédés et Appareils

étudiés

PAR L'INSTITUT COLONIAL DE MARSEILLE

MARSEILLE
INSTITUT COLONIAL
Parc Amable-Chanot

1930

PRÉFACE

Nous avons le très grand plaisir de publier, dans ce quatrième ouvrage que l'Institut Colonial de Marseille consacre au Palmier à Huile, l'exposé que notre collaborateur Van Pelt a bien voulu établir à notre intention des méthodes modernes de culture et d'exploitation du palmier à huile dont il nous avait envoyé, de Sumatra, un premier résumé que nous avons reproduit dans notre tome III des Mémoires et Rapports sur les Matières Grasses.

Les entreprises et les Gouvernements qui s'intéressent à la culture du palmier à huile et à l'exploitation de ses peuplements naturels, trouveront dans cette belle étude les résultats auxquels sont parvenus les techniciens qui se sont préoccupés de faire passer l'exploitation du palmier à huile du stade primitif où elle est restée jusqu'à ces dernières années en Afrique Occidentale et Centrale à celui de la culture rationnelle.

Ces résultats ont été analysés, pour une part, dans un ensemble d'ouvrages, de mémoires et d'articles de revues qui constituent déjà une littérature importante, mais le moment est venu où l'on peut, ce qui n'a pas été fait jusqu'ici, résumer les précisions obtenues et indiquer de quelle manière on doit en tenir compte pour l'établissement des plantations. C'est ce que vient de faire G. Van Pelt dans cette nouvelle étude, mais ce qu'elle présente de particulièrement important, c'est qu'elle n'est pas une compilation, mais qu'elle constitue l'exposé de la mise en pratique dans les grandes plantations dont il a dirigé l'établissement et surveillé la culture, des observations faites par les divers praticiens et techniciens qui ont recherché de quelle manière devait être faite cette culture entièrement nouvelle, observations et méthodes qui ont été effectuées et mises au point pour une grande part par G. Van Pelt lui-même.

Les études de notre actif collaborateur que nous avons publiées précédemment ont été consacrées aux conclusions qu'il a rapportées des missions que notre Institut lui a confiées en Afrique Occidentale et de la comparaison qu'il a pu faire des conditions d'exploitation du palmier à huile dans ces régions avec les résultats que donne l'application des méthodes culturales en vigueur dans les Indes Néerlandaises où il a apporté sa collaboration à quelques-unes des plus grandes entreprises franco-belges de plantations depuis une quinzaine d'années.

L'ouvrage que nous éditons aujourd'hui et que G. Van Pelt a eu l'amitié d'établir à notre intention, constitue non seulement le traité dans lequel les planteurs qui désireront entreprendre la culture du palmier à huile trouveront les résultats de cette précieuse expérience, chaque paragraphe, peut-on dire, leur apportant des précisions et des conseils utiles en cette matière si nouvelle, mais encore, malgré sa concision remarquable, déborde en quelque sorte le point de vue spécial du palmier à huile pour constituer un des plus judicieux exposés que l'on ait fait jusqu'ici des problèmes si complexes que posent la création et l'exploitation des grandes plantations tropicales.

Nous faisons le vœu que la nouvelle tâche considérable qu'il a assumée cette fois en Indochine lui laisse le temps de rédiger un traité analogue pour la culture de l'hévéa dont il a une si grande expérience.

***

Nous ne reviendrons pas sur ce que nous avons dit nous-mêmes des conclusions qu'il y a lieu de tirer de l'exploitation par des méthodes les plus perfectionnées, dans des régions entièrement différentes, d'une source de richesses qui était restée jusqu'ici l'apanage de l'Afrique.

Nous ne pouvons cependant nous empêcher de rappeler la part prise par l'Institut Colonial de Marseille dans l'examen des moyens les meilleurs pour conserver à l'Afrique une production qui risque, sinon de lui échapper comme cela a été le cas pour le caoutchouc, mais tout au moins de se trouver dans un état d'infériorité qu'il n'y aura lieu d'accepter qu'après avoir fait tous les efforts possibles pour l'éviter.

C'est à la fin de la guerre que le Gouvernement Belge a mis à la disposition de notre Institut, pour étudier les mesures à prendre en vue de la réception des caoutchoucs nécessaires au fonctionnement des usines françaises, Van Pelt qui, alors aux armées, était alors un des rares techniciens connaissant à la fois la chimie du caoutchouc et ses conditions de production. C'est avec son concours que nous avons examiné les conditions à établir pour la réception des caoutchoucs d'Extrême-Orient à Marseille que nous sommes heureux d'avoir pu contribuer à faire un des principaux points d'importation pour notre pays, et il n'est pas mauvais de rappeler cette histoire.

Les choses ont été assez simples pour les caoutchoucs de plantation en raison de la standardisation de la préparation, mais il n'en a pas été de même pour les caoutchoucs africains dont la plus grande partie était sujette à la maladie du stickage et qui, tous, nécessitaient de grandes améliorations à leur préparation.

Après l'étude, dans nos laboratoires, de ce qu'il y avait lieu de faire, il est apparu que les investigations devaient être poursuivies sur place et les deux principales entreprises africaines intéressées : la Compagnie Française de l'Afrique Occidentale et la Société Commerciale de l'Ouest Africain, prirent à leur charge les frais de la mission que l'Institut Colonial confiait, dans ce but, à Van Pelt.

Celui-ci étudia, en Guinée et à la Côte d'Ivoire, les transformations qu'il fallait apporter à la transformation des caoutchoucs africains et après avoir mis au point, à son retour dans nos laboratoires, les méthodes à employer, il préconisa parallèlement la distribution aux indigènes de petits appareils pour le traitement du latex, notamment de celui du Fontumia, et l'établissement d'usines centrales pour le nettoyage et le lavage du caoutchouc ainsi préparé, afin de pouvoir présenter sur le marché un produit standardisé, ainsi que cela a lieu pour le caoutchouc de plantation.

La baisse du caoutchouc qui a suivi peu après eut pour résultat que l'on ne jugea pas utile de mettre en application les conclusions auxquelle nous étions ainsi parvenus, mais nous nous permettons de penser que l'Afrique Occidentale et Equatoriale qui montre tant d'hésitations à adopter des méthodes tant soit peu perfectionnées, doit le regretter, car pendant les années de hausse qui ont suivi, elle aurait pu s'outiller, faire des bénéfices importants et être à même de pouvoir continuer à exploiter un produit qui était presque l'unique ressource de certains de ses territoires et qui n'a pu que disparaître devant le caoutchouc obtenu grâce à la mise en œuvre de tous les moyens dont dispose la Science Moderne dans des régions où il était jusqu'alors inconnu.

Si l'on peut penser que cet incident ne risque pas de se reproduire d'une manière aussi grave pour le palmier à huile parce qu'il s'agit d'une plante fournissant une matière première dont la consommation est considérable, il n'en reste pas moins que l'on ne doit pas perdre de vue cet enseignement, au moment surtout où nous voyons la production de la plupart des produits subir les crises qui frappent les producteurs qui ne savent pas obtenir des prix de revient les plus bas.

G. Van Pelt s'étant, avant de rejoindre le front belge aux premiers jours de la guerre, consacré, à Sumatra, aux premiers essais de culture de palmier à huile qui y ont été faits, notre Institut lui demanda d'examiner, pendant son séjour en Afrique, ce qu'il y avait lieu d'envisager également pour le palmier à huile.

Nous avons publié dans notre *Bulletin des Matières Grasses*, et dans nos précédents volumes des Mémoires et Rapports sur les Matières Grasses, le résultat de ses observations.

Nous rappellerons simplement qu'elles aboutirent nettement à la condamnation de la méthode du simple aménagement de palmeraies naturelles qui, toujours en vertu du principe du moindre effort en honneur en Afrique Tropicale, a été tenu un instant comme un moyen terme entre la simple exploitation indigène et la plantation.

La plantation est apparue à notre collaborateur comme seule susceptible de donner des résultats pouvant rémunérer les entreprises qui s'intéresseraient au palmier à huile et permettre la pleine utilisation de la main-d'œuvre disponible.

Ces plantations, cependant, ne pouvaient être, à son avis, entreprises avec des chances de succès leur permettant de lutter contre celles qui étaient entreprises sur une si grande échelle en Extrême-Orient qu'en appliquant les mêmes méthodes.

Van Pelt préconisa dans ce but, en particulier, la mise en culture des savanes en même temps qu'il exposait les investigations culturales à entreprendre, notamment au point de vue de la destruction des mauvaises herbes qui la couvre.

Les entreprises qui suivaient, avec notre Institut, la question, se groupèrent pour faire étudier la possibilité d'utiliser, à ce point de vue, une des savanes les plus importantes de la Côte d'Ivoire, celle de Dabou, et nous priâmes M. Teissonnier, alors Chef du Service de l'Agriculture de la Côte d'Ivoire, de vouloir bien se charger de cette étude dont nous avons publié le résultat.

M. Teissonnier conclut à la possibilité de cette culture de la plus grande partie de cette savane.

En même temps que nous ne saurions trop vous rappeler tout ce que l'Afrique Occidentale doit à ce praticien si compétent qui a dirigé successivement les Stations d'Essais de Conakry et de Bingerville, nous devons rappeler avec quel scepticisme ont été accueillies ses conclusions et celles de G. Van Pelt en ce qui concerne l'utilisation de la savane pour la culture du palmier à huile.

Lorsque ces savanes des régions semi-équatoriales seront transformées en riches palmeraies, on devra se rappeler la part qui en reviendra ainsi à Van Pelt et à Teissonnier, de la même manière que la création des bananeraies de la Guinée Française est due à l'étude des méthodes culturales à appliquer qu'en a faites Teissonnier à Camayene, alors que, grand scandale, il déclarait la fumure indispensable et qu'il ne s'en tenait pas à la légende de la fertilité inépuisable de la terre africaine.

Nous avons eu, depuis, la grande satisfaction de voir les indications que nous avons contribué à donner ainsi sur cette utilisation de la savane mises en pratique par de puissantes sociétés, en particulier par celles qui ont entrepris l'exploitation de la savane à Sumatra et qui ne se sont pas arrêtées aux objections préconçues qui nous ont été faites lorsque nous avons préconisé l'étude de leur mise en culture.

Nous rappellerons, en outre, qu'à la suite de ces missions de MM. Van Pelt et Teissonnier, notre Institut a étudié la création d'un organisme central disposant de plantations expérimentales privées analogues à celles qui existent en Extrême-Orient pour assister les planteurs mais la création des stations officielles d'étude du palmier à huile à la Côte d'Ivoire et au Dahomey a eu pour résultat qu'il ne fut pas donné suite à ce projet.

*
* *

L'exposé que nous publions aujourd'hui des méthodes à appliquer pour la culture du palmier à huile ne pouvait guère se terminer sans envisager de quelle manière les enseignements qu'il contient doivent être utilisés dans les pays dans lesquels, jusque dans ces dernières années, l'exploitation indigène du palmier à huile avait seule eu lieu, et c'est ce qu'a tenu à faire, une fois de plus, Van Pelt dans ses conclusions.

On doit actuellement diviser ces régions en deux parties fort distinctes, bien que les conditions y soient identiques : le Congo Belge et le reste de l'Afrique Occidentale et Equatoriale.

Les hommes d'initiative qui se consacrent à la mise en valeur et à l'administration du Congo Belge ont, sans hésitation, depuis de nombreuses années, décidé de suivre l'exemple donné par l'Est et ont entrepris la culture rationnelle du palmier à huile, en même temps qu'ils introduisaient les procédés mécaniques dans les usines centrales pour le traitement des fruits provenant des peuplement exploités par les indigènes (1).

L'exposé des procédés qu'ils ont employés et des résultats qu'ils ont obtenus, tant dans les stations et plantations du Gouvernement que dans les plantations et les usines des entreprises privées, serait des plus intéressants. Il serait à souhaiter que le Gouvernement Belge publia une première étude d'ensemble sur ce sujet en indiquant les résultats obtenus.

---

(1) *Le Bulletin de l'Association des Intérêts Coloniaux Belges* vient de publier les indications suivantes en ce qui concerne la Province Equatoriale du Congo Belge, qui n'est qu'un des districts dans lequel le palmier à huile est exploité et qui a produit en 1928 23.000 tonnes d'amandes de palme et 9.000 tonnes d'huile de palme :

« Les huileries emploient déjà plus de 15.000 travailleurs; dans les régions autrefois grandes productrices de copal, comme la Lulonga, la cueillette des fruits du palmier par les indigènes est en sérieux progrès. Dans l'ensemble, les indigènes auront fourni l'année dernière aux usines plus de 35.000 tonnes de fruits contre 10.000 en 1926. Le travail de cueillette est alléchant, sain, bien rémunéré et se fait aux alentours du village même; l'exode rural, qui existe ici comme en Europe, est enrayé de ce fait. En outre, cette extension des huileries mécaniques a pour corollaire l'amélioration des transports, par la création de routes carrossables, le curage des rivières, l'emploi des moyens mécaniques de locomotion ».

Cet exposé, plus peut-être que l'analyse de ce qui est actuellement à Sumatra, incitera peut-être enfin l'Afrique Occidentale França'se et Anglaise à changer de méthode et à adopter les procédés d'exploitation directe.

Depuis que notre Institut s'est attaché à cette étude de l'amélioration des procédés d'exploitation de palmiers à huile comme pouvant être un des éléments des plus précieux de la richesse des pays équatoriaux, c'est-à-dire depuis une qu'nzaine d'années, l'opinion générale en Afrique Occidentale Française et Anglaise est restée inébranlablement attachée à l'idée qu'il faut s'en tenir à l'exploitation indigène, alors cependant que, pendant ce même temps, les résultats de cette exploitation sont restés pour ainsi dire stationnaires.

Il n'y a pas là un phénomène particulier au palm'er à huile et il correspond à cet état d'esprit qui estime qu'il n'y a de place dans ces pays que pour l'administration et le commerce, la production devant rester entièrement entre les mains des indigènes.

Les très nombreuses enquêtes auxquelles ont procédé les Anglais à ce sujet ne se sont traduites par aucune conclusion pratique autre que la déclaration qu'il serait très délicat, au point de vue indigène, de toucher au système d'exploitation des palmeraies.

Le Gouvernement de la Nigéria a cependant, voici près de deux ans, décidé d'appliquer pour le traitement mécanique des fruits, un système analogue à celui usité au Congo Belge, consistant à concéder à une seule entreprise le monopole du traitement mécanique des fruits dans un rayon donné, avec, en plus, une garantie d'intérêt par l'Etat.

Cette garantie a été demandée par les sociétés commerciales établies dans la Nigéria, mais jusqu'ici rien n'a été encore fait.

Tandis que les entreprises qui ont une expérience de la chose aussi grande que celle que la Société Lever a acquise au Congo Belge, déclarent que seules des usines centrales peuvent permettre d'augmenter la production, les petites machines à mains ne pouvant être d'aucun concours dans ce but, il semble bien que l'Administration Anglaise hésite à modifier les habitudes indigènes et à mettre en pratique le projet qu'elle a cependant établi.

Il y a évidemment, à la base de tout ceci, une question de pr'ncipe.

Nous en revenons, en effet, toujours ainsi à la détermination de la forme à donner à la mise en valeur des colonies.

Ainsi que nous l'avons indiqué dans notre dernière communication de l'Institut Colonial International, il apparaît bien que ce qui doit intervenir dans la décision à prendre à cet égard, c'est la considération de la vitesse avec laquelle on désire procéder à cette mise en valeur ou plutôt celle que rend indispensable l'évolution des conditions économiques mondiales.

Il est incontestable qu'une sage administration des colonies, telle que celle qui est pratiquée en Afrique Occidentale Anglaise et Française, permet à ces pays de jouir d'un bien-être appréciable, mais, pour notre part, nous pensons que les charges de l'Administration et de l'outillage progressent actuellement dans tous les pays plus rapidement que l'amélioration de la production indigène laissée à ses seuls moyens ne permet de les équilibrer.

En outre, ainsi que nous l'avons indiqué également (1), il ne suffit plus actuellement de produire dans le domaine agricole comme dans le domaine industriel, il faut produire dans les meilleures conditions, sinon on se heurte à une crise qui peut arrêter même cette production.

Van Pelt a été lui-même un des premiers à signaler l'avènement de cette crise en ce qui concerne le caoutchouc dont il a montré la nécessité de l'exploitation à bas prix et avec la plus grande production possible.

L'exemple du palmier à huile est tout aussi caractéristique et les conclusions de Van Pelt à cet égard sont singulièrement à méditer.

Une seule des plantations qu'il a collaboré à constituer à Sumatra va produire autant d'huile de palme que toute la Côte d'Ivoire et cela simplement sur 4.000 hectares et avec une main-d'œuvre ne dépassant pas 1.200 hommes.

Il est bien évident que la principale objection que l'on fait à la généralisation du système des plantations en Afrique Occidentale et qui est que le manque de main-d'œuvre ne tient pas devant ce fait que l'on obtient par des procédés perfectionnés avec ces 1.200 hommes les mêmes résultats pour l'obtention desquels l'exploitation indigène exige probablement plus de 12.000 hommes.

Vouloir se refuser de considérer la chose sous ce point de vue, c'est dire que la colonisation ne doit pas se préoccuper de pareilles augmentations de rendement et qu'elle n'a pas pour but justement de les obtenir.

L'exposé que fait Van Pelt, dans sa belle étude des procédés qu'il est nécessaire de mettre en œuvre pour obtenir ces rendements, montre, en même temps, qu'ils ne sont possibles que grâce à la mise en œuvre des procédés de la technique moderne.

Il suffit de considérer la complexité de ces procédés et des précisions que leur mise en œuvre exige pour constater qu'ils sont entièrement hors de portée de la simple agriculture indigène, même conseillée par les services administratifs.

En d'autres termes, s'en tenir à l'exploitation indigène, c'est, pratiquemment, renoncer aux bienfaits de la science, tout au moins pour un nombre d'années qu'il est actuellement impossible de déterminer.

Si l'on considère, en outre, ainsi que le montre l'exemple des Hollandais et des Etats Fédérés Malais ou des plantations indochinoises, que seules les entreprises privées disposent des moyens financiers et matériels permettant de triompher de la mortalité indigène, il ne reste plus que de vagues arguments théoriques sociaux qui s'opposent à l'introduction dans les régions où ils n'ont pas encore été appliqués de ce système d'exploitation directe qui ont cependant seuls permis les admirables résultats obtenus dans des pays où ils sont appliqués depuis de longues années.

Il est vrai que là où on voudra suivre cet exemple il faudra, sous peine d'échecs certains, organiser avec la même rigueur et la même ampleur, l'expérimentation scientifique.

*
* *

Pour en revenir au palmier à huile, nous ajouterons qu'il nous a paru utile de joindre à l'étude de Van Pelt l'exposé des résultats auxquels est parvenu notre Institut au point de vue de l'étude du matériel nécessaire pour le traitement des fruits du palmier à huile.

----

(1) Voir notamment les notes que nous avons publiées dans les *Cahiers Coloniaux*, N°˙ 356 (5 nov. 1925), 498 (22 août 1928), 551 (19 août) et 563 (11 nov. 1929).

Il est bon, à ce sujet, de redire sommairement les efforts faits pour résoudre ce problème si compliqué.

Nous devons rappeler tout d'abord que le mérite d'avoir cherché à utiliser les procédés mécaniques au traitement du palmier est dû à l'initiative marseillaise. Les Stéarineries Fournier et la Compagnie Française de l'Afrique Occidentale s'associèrent vers 1900 pour étudier comment se posait la question et tandis que le Comité Technique de la Société Coloniale allemande mettait au concours, à peu près vers la même époque, l'invention d'appareils dans ce but, le regretté Paul Fournier faisait établir par son ingénieur Paulmier le système qui est encore celui qui est suivi par les constructeurs allemands.

Il consistait en une presse à cage d'un modèle spécial, dans laquelle les fruits étaient pressés entiers après échauffement, un tambour hexagonal revêtu d'une tôle perforée procédait ensuite au défibrage des fruits dont l'huile avait été ainsi exprimée pour la plus grande partie, fibre qui était pressée une seconde fois.

M. Bohn et M. Paul Fournier chargeaient le regretté Poisson de monter au Dahomey la première usine construite pour utiliser ces appareils. Malheureusement Poisson, qui avait en même temps la charge d'une des premières stations d'égrenage de coton de l'Association Cotonnière, s'installait à Cotonou, ce qui était un endroit mal choisi puisqu'il ne se trouvait pas au milieu d'un peuplement de palmiers. Il succomba du reste au labeur intense qu'il assuma et sa mort arrêta cette tentative.

Quelques usines analogues furent cependant établies en différents points de la côte.

L'américain Trevor, établi à la Côte d'Ivoire, se consacra avec un acharnement véritablement apostolique, à rechercher les perfectionnements qu'il y avait lieu d'apporter à cette méthode du début et il inventa un appareil spécial pour séparer du noyau la pulpe du fruit, de manière à pouvoir en exprimer l'huile sans avoir à exercer une pression sur la masse entière du fruit.

Nous avons décrit cet appareil dans notre premier ouvrage sur le Palmier à Huile (1). Il était composé par un tambour constitué par des scies circulaires qui procédaient au dépulpage des fruits retenus par des brosses.

Trevor fonda pendant la guerre une société pour exploiter son procédé, « le Pericarpe Syndicate », qui établit une usine à la Côte d'Ivoire, usine qui fut soutenue par les maisons de commerce qui avaient pris l'engagement de payer aux indigènes qui apportaient des fruits à cette usine la valeur de l'huile et des amandes correspondantes mentionnée sur des bons qui leur étaient remis.

Le défibreur de Trevor présentait l'inconvénient de constituer une machine compliquée et qui s'usait facilement. En outre, l'idée de substituer une technique industrielle à la simple opération commerciale de l'achat de l'huile et des amandes de palme était encore trop neuve pour que Trevor put recueillir le fruit de son labeur et de l'énergie qu'il apporta à étudier toutes les faces du problème.

Comme Poisson, il succomba à la tâche au moment où il mettait au point de nouveaux appareils dont les détails sont malheureusement perdus

---

(1) E. BAILLAUD et A. STIELTJES : *Les amandes et l'huile de Palme*, 1 vol., 346 p., Institut Colonial de Marseille, 1920

et l'on ne saurait trop rendre hommage au souvenir de cet ami de la France soutenu par une compagne dévouée qui mourut d'épuisement peu avant lui, après que leur fils, volontaire au début de la guerre, était lui-même resté sur le champ de bataille.

A peu près à la même époque, un autre homme d'initiative, Scheffer, installait à Grand-Drewin, toujours à la Côte d'Ivoire, une usine qui avait pour but non d'acheter les fruits simplement aux indigènes mais de mettre en valeur la palmeraie environnante par aménagement.

Pendant ce temps, Lever créait au Congo la puissante entreprise qui est devenue les Huileries du Congo Belge, à la faveur d'une grande concession qui lui était concédée par le Gouvernement belge et, d'autre part, Adrien Hallet, ce planteur si remarquable doublé du financier entreprenant qui devait jouer un si grand rôle dans le développement des plantations de caoutchouc en Extrême-Orient, avait la véritable audace, fort de son expérience africaine, d'entreprendre la première plantation de palmiers à huile à Sumatra. Son exemple était suivi de la manière que l'on sait et des maisons allemandes en particulier établissaient une machinerie très puissante pour ces plantations.

*
* *

Notre Institut n'a cessé pendant tout ce temps de suivre avec attention tout ce qui était conçu et préconisé pour le fonctionnement de ces diverses usines. Les entreprises coloniales qui s'adressent à lui pour leur documentation désireraient, en effet, être renseignées d'une manière précise sur cette question complexe pour pouvoir se rendre compte de ce qu'elles devaient entreprendre elles-mêmes.

Nous nous sommes attachés plus particulièrement à satisfaire aux conditions africaines dans cette étude que nous sommes heureux de pouvoir penser avoir mener à bon terme. Nous avons voulu, autant que cela a été à notre pouvoir, prêter notre concours aux entreprises qui désirent améliorer les conditions actuelles d'exploitation des palmeraies indigènes et les résultats que nous avons obtenus présenteront un intérêt réel, même pour les grandes plantations.

Après avoir, pendant des années, étudié les appareils qui pourraient être conçus pour doter les indigènes des appareils fonctionnant à la main qui leur permettraient de traiter leurs fruits plus rapidement qu'ils ne peuvent le faire avec leurs procédés primitifs, et avoir mis à point des outils et petites machines qui fonctionnent parfaitement et qui paraissent pouvoir répondre théoriquement à ce but, nous sommes arrivés à la conclusion que, comme du reste pour tous les autres procédés mécaniques, il faut renoncer à la force humaine comme force motrice.

L'on peut obtenir incontestablement, grâce à ce genre d'appareils, une amélioration de qualité, mais nous maintenons que ce n'est pas exact pour la quantité et c'est cela qui est essentiel.

Nous savons bien que nous nous heurtons à l'opinion qui a si longtemps maintenu l'Afrique Tropicale dans l'état primitif d'exploitation où elle est encore, que l'industrie y est impossible et que, d'autre part, il faut renoncer aux avantages du concours de la machine motrice parce que l'on ne peut changer les méthodes de travail indigène en introduisant l'idée du traitement individuel.

L'exemple du Congo Belge qui, depuis de longues années, à la suite de l'initiative hardie de la Maison Lever, exploite ses palmeraies grâce à des usines centrales et dont l'exportation est ainsi passée de 7.000 tonnes d'amandes et 2.000 tonnes d'huile en 1913 à 72.000 tonnes d'amandes et 27.000 tonnes d'huile, est cependant probant à côté de celui de l'Afrique Occidentale Anglaise et Française où cette production n'a que très faiblement progressé et où on a voulu jusqu'ici s'en tenir à l'exploitation familiale, tout au plus assistée de petits appareils dont les indigènes cessent de se servir dès que les services administratifs cessent d'en diriger l'emploi.

Nous avons pensé que nous ne devions pas nous en tenir à cette opinion en quelque sorte négative et nous avons tenu à chercher une méthode qui correspondrait aux conditions actuelles de l'exploitation de l'élaeis en Afrique.

Quelle que soit la politique qui sera suivie en Afrique pour l'exploitation du palmier à huile, nous sommes autorisés à estimer que les efforts que nous faisons depuis tant d'années permettront, si on le veut, d'y généraliser l'emploi des procédés mécaniques.

Nous sommes arrivés finalement à la conclusion que la plupart des difficultés que l'on avait éprouvées jusqu'ici dans le traitement du fruit de l'élaeis provenaient de ce que l'on avait voulu appliquer la technique du traitement des graines oléagineuses, alors que l'on se trouvait tout d'abord en présence d'une pulpe. Ceci nous a incité à examiner ce que l'on pourrait obtenir en partant, non de ces procédés de trituration des graines, mais de ceux du traitement des olives.

C'est le résultat des recherches que nous avons effectuées dans ce but et la méthode que nous préconisons qui sont exposés dans la note que nous publions à la suite de l'ouvrage de Van Pelt et qui complète tout ce que nous avons publié sur nos recherches antérieures dans notre *Bulletin des Matières Grasses* et dans nos ouvrages précédents sur le palmier à huile.

Grâce à l'appui et au concours éclairé de M. Bonnet, Directeur de l'Oléiculture, que nous ne saurions trop remercier et dont le dévouement inlassable et la grande compétence ont rénové l'oléiculture en Provence au moment où elle allait disparaître, nous avons effectué une première série d'essais dans l'usine de la Coopérative oléicole de Nîmes, auprès de laquelle nous avons trouvé l'accueil le plus obligeant.

Nous avons ensuite poursuivi nos recherches dans nos laboratoires que nous avons équipés spécialement dans ce but, en les dotant des appareils nécessaires, et dont nous avions pu assurer le premier fonctionnement grâce à une subvention du Consortium de l'Huilerie Française.

Ces études et essais ont été poursuivis sous la direction de M. A. Stieltjes, Directeur de nos Services Techniques, avec le concours de M. de Belsunce, Chimiste de notre Institut, qui a effectué la série des analyses nécessaires.

Les constructeurs ont bien voulu, pour leur part, mettre à notre disposition les machines qu'ils proposaient pour répondre au but que nous leur indiquions et qu'ils modifiaient en tenant compte du résultat de nos essais.

Nous n'avons pu subvenir aux dépenses élevées qu'entraînaient ces installations et à l'achat de celles de ces machines et appareils dont les constructeurs ne pouvaient faire les frais que grâce au concours que nous avons trouvé auprès des principales entreprises africaines intéressées à ces études et notamment de la Compagnie Française de l'Afrique Occidentale et de la Société Commerciale de l'Ouest Africain dont la **participation** pécuniaire nous a seule permis de poursuivre les recherches auxquelles nous nous consacrons depuis de longues années dans cet ordre d'idées, et auprès desquelles nous avons trouvé toujours le plus précieux appui toutes les fois que nous avons fait appel à elles.

Grâce à un procédé simple de conservation des fruits, nous avons pu disposer de quantités nécessaires, non seulement à des essais préliminaires, mais au fonctionnement d'une véritable usine fonctionnant dans les conditions d'exploitation industrielle, fruits qui nous sont gracieusement fournis par les entreprises africaines. Nous reproduisons à la fin de cet ouvrage une série de photographies de ces laboratoires et des machines dont ils disposent.

Enfin la Compagnie Française de l'Afrique Occidentale, a assumé la lourde charge de procéder à l'installation sur place des premières usines employant les appareils et fonctionnant d'après les systèmes que nous préconisons, ce qui va permettre la démonstration pratique de leurs avantages.

Dès que nous avons commencé à nous préoccuper de cette question, c'est-à-dire depuis une quinzaine d'années, nous avons préconisé la création d'une station d'essais de machines dans une région de palmeraies où les différents appareils pourraient être étudiés. Ceci n'ayant pas encore été fait sur une échelle industrielle, nous nous sommes ainsi organisés pour y suppléer, bien que l'on ait assuré que les essais faits en Europe ne pouvaient donner ces renseignements utilisables en pratique, l'expérience nous a montré qu'ils étaient suffisants.

Une station d'essais de machines, en France, est d'ailleurs indispensable pour permettre aux constructeurs d'étudier la question et de se rendre compte des modifications qu'ils doivent apporter aux appareils qu'ils ne pourraient autrement construire que sur des données théoriques. Nos laboratoires répondent à ce but.

Nous croyons pouvoir éprouver, à juste titre, la satisfaction de penser que, grâce à la manière dont quelques-uns des constructeurs mécaniciens français, particulièrement des plus modestes d'entre eux, ont répondu courageusement à notre appel, les entreprises s'adonnant à l'exploitation et à la plantation du palmier à huile trouveront désormais, en **France**, tout le matériel nécessaire pour lequel on s'était adressé jusqu'ici à l'étranger, mais conçu avec cette simplicité et cette élégance de procédés qui est le propre de l'industrie française.

Emile BAILLAUD,
Secrétaire Général de l'Institut Colonial.

Marseille, le 19 novembre 1929.

LA CULTURE DU PALMIER A HUILE

ET LA

PRÉPARATION DES HUILES ET AMANDES DE PALME

Par G. VAN PELT

Docteur ès-Sciences,

Ancien Inspecteur de la Société Financière des Caoutchoucs à Sumatra,
Directeur Général de la Société Indochinoise de Commerce
d'Agriculture et de Finance.

INTRODUCTION

Pour répondre au désir que nous en a témoigné l'Institut Colonial de Marseille, nous avons réuni dans ces notes ce que les travaux de nombreux spécialistes et notre expérience personnelle nous ont permis d'apprendre sur l'état actuel de la technique de la culture de l'élaeis.

Nous avons eu particulièrement recours aux travaux de Rutgers, Heuser, Maas, Van Heurn et Blommendaal de la Station d'Essais de l'A. V. R. O. S. (1). Nous nous faisons un devoir de remercier ici ces distingués savants de l'excellent accueil qu'ils nous ont toujours réservé à Sumatra, et de l'aide utile que nous n'avons jamais manqué de trouver chez eux.

Lorsqu'il s'agit d'introduire dans un pays une essence végétale nouvelle pour entreprendre son exploitation, il existe toujours une incertitude sur la façon dont cette essence s'adaptera à de nouvelles conditions de sol et de climat. Ceci est vrai, même si ces conditions sont choisies les plus semblables possible à celles du pays d'origine du végétal importé.

Cette incertitude existait pour l'Elaeis lorsque les premiers exemplaires furent introduits aux Indes Néerlandaises.

Heureusement pour ceux qui devaient entreprendre l'exploitation du Palmier à Huile sur une grande échelle en Malaisie, l'importation des premiers Palmiers à Buitenzorg (quatre exemplaires originaires de l'Ile Maurice ou de l'Ile Bourbon) datait de 1848. La preuve de l'adaptation parfaite au sol et au climat pouvait donc être solidement établie, lorsque, en 1910, on passa au stade de la grande culture.

Il pourra paraître étrange que plus de soixante ans aient dû s'écouler avant que l'on s'aperçoive que la culture de l'Elaeis pouvait être intéressante aux Indes, d'autant plus que les essais de culture, entrepris dans le courant de cette longue période, avaient tous conduit à des résultats très satisfaisants. Dans sa remarquable étude historique du Palmier à Huile aux Indes Néerlandaises (2), le Dr F. W. T. Hunger nous apprend, en effet, que, dès 1854, des jeunes plants, descendants des quatre premiers individus importés, furent distribués à des particuliers, et que différents essais de culture furent entrepris dès 1859, tant par les Services d'Agriculture officiels que par des particuliers. Les différents rapports publiés à propos de ces essais établissent que le Palmier se développait normalement et qu'il entrait en production dès sa quatrième année, donc plus tôt que dans son pays d'origine.

---

(1) A. V. R. O. S., abréviation de nom hollandais : *Algemeene Vereeniging van Rubberplanters ter Oostkust Sumatra*, c'est-à-dire *Association générale de Planteurs de Caoutchouc à la Côte Est de Sumatra*.

(2) **Dr. F.-W.-T. Hunger**. *De Oliepalm (Elaeis Guineensis) Historisch onderzoek over de Oliepalm in Nederlandsch Indie.*

— 18 —

Pendant toute la période de 1870 à 1883, les rapports du Jardin Botanique de Buitenzorg signalent de nombreuses distributions de graines et de jeunes plants d'Elaeis à des personnes désireuses d'en essayer la culture.

Comment expliquer alors que, malgré les résultats satisfaisants, il ait fallu attendre jusqu'en 1919 pour voir le capital européen s'intéresser à la plantation de l'Elaeis ?

Hunger montre clairement, par la publication de documents officiels, que l'introduction du Palmier à Huile rencontra peu d'appui de la part de certains fonctionnaires. De plus, la crainte que l'introduction d'une nouvelle plante à huile ne constituât une concurrence sérieuse pour la culture du cocotier, culture essentiellement indigène, diminua considérablement l'enthousiasme pour l'Elaeis.

D'un autre côté, Rutgers (1) signale, à juste titre, que si le développement et même la productivité des Palmiers étaient suffisamment encourageants pour pousser les planteurs dans la voie de la nouvelle culture, le rendement en huile ne devait pas paraître bien rémunérateur, étant donnée, à l'époque, l'imperfection de la machinerie spéciale nécessaire à la fabrication de l'huile de palme et au concassage des noix.

C'est en 1917 que nous trouvons dans un travail de van Helten, Directeur du Jardin de Culture de Buitenzorg (2) les premières observations précises sur la productivité du Palmier à Huile aux Indes Néerlandaises. Ces observations portent sur des palmiers plantés en 1878 à Buitenzorg et provenant de graines des quatre premiers Elaeis importés en 1848. A l'époque où van Helten rassembla ces données, les palmiers qu'il prit en observation étaient âgés de 38 ans et avaient donc dépassé la période de productivité maxima (près de la moitié ne donnaient pas de fruits). De plus, jusqu'en 1910, ils étaient restés sans aucun soin. Malgré ces deux conditions défavorables, van Helten arrive, sur la base de ses observations, à une production de 530 kg. d'huile de palme par hectare et par an, cette production correspondant à une population de 100 palmiers à l'hectare. Elle nous donne, ramenée à la densité de plantation la plus répandue actuellement (143 palmiers à l'hectare) une production de 760 kg. d'huile de palme.

L'initiative privée n'avait cependant pas attendu ces résultats pour aller de l'avant. Dès 1910, Adrien Hallet, qui fut le promoteur de la culture de l'Elaeis aux Indes, commença l'établissement de ses plantations de palmiers. La parfaite connaissance qu'il possédait de l'Afrique et des conditions de vie et d'exploitation de l'Elaeis dans son pays d'origine, lui permit de se rendre compte, en voyant des palmiers adultes à Sumatra, que leur développement, et surtout leur productivité, ne le cédaient en rien aux Elaeis d'Afrique.

L'importance des surfaces qu'Adrien Hallet décida d'attribuer, dès le début, à ses plantations, montre suffisamment la confiance qu'il avait dans la nouvelle culture. Les estates de Poeloe Radjah et du Tamiang, aujourd'hui en pleine production, en font foi. Rien ne peut d'ailleurs

---

(1) Dr. A.-A.-L. RUTGERS. *Investigations on Oilpalms* (in collaboration with Ir. Jhr. F.-V. VAN HEURN, Dr. C. HEUSER, J.-G.-J.-A. Maas and Dr. YAMPOLSKY.

(2) W.-M. VAN HELTEN. Eenige gegevens over de Oliepalm. *Mededeeling van de Cultuurtuin* N° 8 (Buitenzorg).

mieux prouver combien il vit juste que l'enthousiasme rencontré actuellement pour la culture du Palmier à Huile aux Indes et les milliers d'hectares d'Elaeis plantés actuellement.

Dans leur étude sur le Palmier à Huile en Malaisie Anglaise, Bunting
Eaton et Georgi (1) nous apprennent que le Jardin Botanique de
Singapore reçut les premières graines d'Elaeis de Peradeniya en 1875 et
ce, probablement par l'intermédiaire du Jardin Royal Botanique de Kew.
En 1886 et 1887, le même Jardin Botanique fit encore tenir des graines
à Singapore. Il n'est fait aucune allusion à l'origine des graines en question.

Ce n'est qu'en 1917 que la culture du palmier fut entreprise en Malaisie et encore sur une petite échelle.

Depuis, cette culture y a fait de rapides progrès et le Gouvernement
des Etats Fédérés Malais se rendant compte de la situation particulièrement favorable de ses colonies, a fait des réserves de près de 50.000 hectares pour les plantations de palmiers.

Les chiffres cités ci-dessous illustreront clairement les faits que nous
avons avancés :

A Sumatra, il y avait, en chiffres ronds, en fin 1928 :

Surface plantée en palmiers	38.000	hectares
Surface en production	19.000	—
Huile de palme	30.000	tonnes
Amandes de palme	8.000	—

En Malaisie Anglaise, il y avait environ à la même époque :

Surface plantée	8.000	hectares
Surface en production	2.000	—
Huile de palme	1.000	tonnes
Amandes de palme	300	—

Les concessions données en fin 1926 pour la culture de l'Elaeis en
Malaisie Anglaise atteignaient une superficie totale de 18.000 hectares.

En 1928, l'Orient avait donc :

Surface plantée	46.000	hectares
Surface en production	21.000	—
Huile de palme	31.000	tonnes
Amandes de palme	8.000	—

Si nous prenons le chiffre moyen d'exportation des colonies de
l'Afrique Occidentale Française nous avons, en 1928 :

Dahomey	17.000	tonnes d'huile de palme	
Côte d'Ivoire	8.000	—	—
Cameroun	4.000	—	—
Togo	3.000	—	—
Guinée	700	—	—
Sénégal	10	—	—
Total	32.710	—	—

---

(1) B. Bunting, B.-J. Eaton, and C.-D.-V. Georgi. The Oilpalm in Malaya. *(The
Malayan Agricultural Journal,* 1927).

Il est à remarquer que la quantité d'huile de palme ainsi produite par les Indes Hollandaises et les Straits réunis égale dès maintenant celle exportée par les Colonies Françaises de l'Afrique Occidentale.

Tout porte à croire que l'extension des plantations d'Elaeis est loin de s'arrêter dans l'une et l'autre des Colonies Orientales. Nous verrons d'ailleurs plus loin que les rendements obtenus dès maintenant justifient entièrement l'intérêt que les grands organismes portent à cette culture.

CHAPITRE PREMIER

————

LES CONDITIONS DE CLIMAT ET DE SOL

CLIMAT

L'expérience est aujourd'hui venu confirmer que les régions de Sumatra où la culture de l'Elaeis s'est établie et développée rapidement, réunissent réellement un maximum de conditions climatériques exceptionnelles favorables. Ces conditions sont, sans doute, supérieures à celles de la plupart des régions où le Palmier à Huile est exploité en Afrique. Personnellement, il nous est possible de l'affirmer en ce qui concerne la Côte Occidentale d'Afrique depuis la Guinée Française jusqu'à la Gold Coast.

Le Dr Fickendey, qui, après ses remarquables travaux sur le Palmier au Cameroun et au Togo (1) se consacra à la culture de l'Elaeis à Sumatra, et qui est, par conséquent, mieux placé que quiconque pour établir une comparaison, n'hésite pas à mettre les conditions climatériques de la Côte Est de Sumatra au-dessus de toutes celles des régions à Palmier qu'il connut en Afrique (2).

L'inexistence de périodes sèches de longue durée cónstitue pour l'exploitation du Palmier à Huile à Sumatra un des facteurs les plus avantageux. Les chûtes de pluie atteignant de 2.000 à 4.000 millimètres par an sont distribuées d'une façon telle qu'une période d'un mois sans pluie constitue une réelle exception.

La productivité du Palmier à Huile à Sumatra accuse, au cours d'une année, des maxima et des minima qui ne se manifestent cependant pas tous les ans à la même époque, et ce, parce que les fluctuations de la production dépendent elles-mêmes de l'importance plus ou moins marquée des périodes de pluies et des périodes sèches.

Comme dans l'aisselle de chaque feuille du Palmier il se forme une inflorescence, et que le nombre de feuilles formées est fonction de la rapidité de croissance du Palmier, il en résultera que le nombre de régimes fécondables apparaissant en un temps donné sera d'autant plus important que le développement de l'arbre sera intensif. Or, dans les climats à saison sèche prolongée, il se produit périodiquement un ralentissement notable dans la croissance. Ce ralentissement ne se produira pas, ou d'une façon beaucoup moins sensible, dans les pays où les pluies bien distribuées

----

(1) Dr. BUCHER und Dr. E. FICKENDEY. *Die Olpalme.*
(2) Dr. E. FICKENDEY. *Die Olpalme an der Ostkuste von Sumatra.* — Dr. E. FICKENDEY. *Die Kultur der Olpalme.*

alternent avec des périodes d'insolation suffisantes pour assurer une assimilation normale. Dans l'étude que nous avons déjà citée plus haut, Fickendey montre qu'un plus grand nombre de régimes femelles fécondables apparaissent pendant les périodes où les durées d'insolation sont les plus grandes et inversement. Les pluies matinales étant relativement rares à Sumatra, les heures de soleil peuvent être nombreuses sans exclure une précipitation atmosphérique suffisante, celles-ci se produisant surtout dans l'avant-soirée ou la nuit. Deux facteurs favorables peuvent donc exercer leur influence, ce qui, une fois de plus, n'est pas le cas pour les pays à saisons marquées où, pendant la période des pluies, les heures d'insolation sont peu nombreuses.

Dans la Malaisie Anglaise, la culture de l'Elaeis se développe surtout dans les régions où le climat est aussi favorable à cette culture qu'à Sumatra.

SOL

Il suffit de considérer l'étendue de la zone de dispersion du Palmier à Huile dans les Colonies Africaines pour se rendre compte que cette plante ne pose pas des exigences bien spéciales au sol. Les plantations d'Elaeis, qui réussissent à Sumatra sur des terrains très différents, le prouvent de leur côté.

Le problème si complexe de la fertilité des terres tropicales a bien souvent donné lieu à des interprétations fausses, imputables à l'importance trop unilatérale donnée soit aux essais chimiques, soit aux essais physiques, et à l'imperfection de nos connaissances sur les phénomènes biologiques qui jouent dans la fertilité de nos sols tropicaux un rôle des plus importants.

Pour les terres de Sumatra cependant, l'ensemble des données que nous possédons sur les facteurs de fertilité d'un sol, combinées avec l'expérience déjà ancienne des plantations existantes, nous permet de classer, d'une façon relativement sûre, les terres en bonnes, moyennes ou mauvaises en vue d'une culture déterminée.

La connaissance de l'origine géologique et du degré de transformation des sols ne sont pas des moins utiles.

Dans ce domaine, plusieurs études récentes sont venues grandement faciliter la tâche de celui qui doit se prononcer sur l'aptitude d'un terrain pour une culture donnée (1).

L'origine volcanique de la plus grande partie des terres qui nous occupent à Sumatra permet de prévoir que la plupart d'entre elles seront minéralement assez riches pour y permettre, avec succès, la culture de l'Elaeis même dans le cas où la destruction de la forêt, suivie d'une période d'exploitation du sol à la manière indigène, a mis en partie à contribution les réserves alimentaires du sol.

Des considérations d'ordre purement économique ont d'ailleurs amené ceux qui consacrent des capitaux à l'établissement de plantations dans les tropiques, à vérifier si réellement la terre de forêt vierge, défrichée au prix de dépenses considérables, l'emportait tellement sur d'autres sols

---

(1) Dr. E.-G.-J. Mohr. Publications diverses. — J.-Th. Withe, *idem*. — Jhr. F.-C. Van Heurn. *De gronden van het Cultuurgebied van Sumatra Oostkust en hunne vruchtbaarheid voor Cultuurgewassen.*

couverts de forêt relativement jeune, de petite futaie, voire même uniquement de lalang (*imperata*), considéré bien longtemps comme témoignant par sa seule présence de la stérilité d'un terrain.

La crise financière de 1920-1922 a fortement aidé à faire entrer dans le domaine des possibilités des idées rejetées *a priori* par les adeptes d'une immuable routine. La diminution du crédit attribué exclusivement au sol de forêt en est un exemple.

A côté de la question : que vaut le terrain ? se pose celle : que coûtera sa mise en valeur ?

Reste une troisième question, la plus importante : la culture qui nous occupe pourra-t-elle réussir aussi bien sur le terrain ouvert à peu de frais que sur l'autre dont la mise en exploitation nécessite des dépenses considérables ?

L'expérience déjà acquise à la Côte Est de Sumatra permet de donner, dans la plupart des cas, une réponse affirmative à cette dernière question. Nous verrons d'ailleurs plus loin, à propos des travaux de mise en valeur et des méthodes culturales actuellement en usage, quelles sont les particularités propres à chacun des terrains que nous avons considérés.

*
* *

La culture de l'hévéa nous a montré qu'il existait des terrains non seulement « inférieurs », mais nettement « impropres » à cette culture. Il est très probable que, même dans les parties de Sumatra peu favorables aux plantations de caoutchouc, il sera possible de cultiver l'Elaeis avec succès. La supériorité des terres rouges qui se manifeste clairement par le meilleur développement et le rendement supérieur des Hévéas est beaucoup moins sensible pour l'Elaeis.

Nous avons eu l'occasion d'observer le cas typique d'une petite palmeraie d'essai de 6 hectares, portant des Elaeis de 4 à 7 ans, enclavée dans une plantation de caoutchouc faite sur une terre basse du genre dit « terre blanche », caractéristique de la région côtière de Sumatra et d'origine alluvionnaire. Ces terres se sont montrées peu propices à la culture de l'hévéa, et la cause a dû en être attribuée à l'immersion prolongée qu'elles subirent jadis et au niveau actuellement élevé de l'eau souterraine. Cet état de choses a favorisé les phénomènes de réduction dont les effets sont visibles par la coloration bleue du sous-sol (sels ferreux).

L'absence d'un drainage profond approprié, qui était cependant possible dans le cas de la plantation qui nous occupe, avait laissé celle-ci dans les conditions les plus désavantageuses possibles. Aussi les hévéas, immédiatement voisins de notre palmeraie d'essai, accuseraient-ils nettement, par le retard de développement et le faible rendement, l'existence d'un milieu absolument impropre.

Les Elaeis poussant dans des conditions identiques, observés pendant une période de trois ans, au point de vue de leur développement et de leur rendement en fruits, ne le cédaient en rien aux palmiers du même âge, plantés en terre rouge.

Dans les terrains tourbeux, on dut également renoncer à la culture de l'Hévéa. Là aussi le niveau élevé de l'eau dans le sol entrait en jeu, en causant l'atrophie ou la disparition de la racine pivotante avec le résultat que l'arbre, imparfaitement soutenu, dans un sol éminemment meuble. s'inclinait, malgré son grand nombre de racines traçantes, pour finir par tomber sous l'action du vent.

La profondeur des couches de tourbe très fréquentes dans les régions côtières de l'Est de Sumatra peut varier de quelques décimètres à plusieurs mètres. Leur formation est dûe à l'entraînement par les eaux de masses considérables de débris végétaux dans les ravins. Les terrains ainsi constitués sont extrêmement riches. Leur situation rend souvent leur drainage difficile, mais si celui-ci peut être effectué de façon à amener la hauteur normale de la nappe d'eau souterraine à un mètre environ, il n'y a pas lieu, d'après nous, de déclarer ces sols tourbeux comme étant impropres à la culture de l'Elaeis.

Cette opinion, qui va à l'encontre de ce qui est généralement admis repose sur l'exemple frappant de la palmeraie de Boekit Rata (1).

Celle-ci est établie en grande partie sur un terrain de tourbe. L'épaisseur de la couche de tourbe varie de 1 m. 50 à plusieurs mètres.

Cette plantation, qui compte des parties âgées de plus de dix ans, donne, toutes choses égales, une production supérieure de un tiers à celle des estates environnants établis en terrain ordinaire.

Les quelques hectares de terrain argileux plus élevé de Boekit Rata, permettent d'ailleurs une comparaison plus exacte. A surface égale, la production des parties tourbeuses est double des parties argileuses.

Le principal motif invoqué pour établir l'impossibilité de planter l'Elaeis en terrain tourbeux est que le palmier, insuffisamment soutenu par ses racines dans un sol trop mou, s'incline, puis tombe. L'exemple de cocotiers âgés, déracinés entièrement par des coups de vent est invoqué.

La plantation de Boekit Rata nous montre, qu'en effet, rapidement les palmiers se sont inclinés. Actuellement, une longueur de tronc de près de 1 m. 50 rampe littéralement le long du sol, puis se redresse verticalement pour supporter la couronne. La croissance du palmier continue d'ailleurs absolument verticale; la longueur du tronc couché sur le sol donne au palmier une base de sustentation considérable, base de laquelle partent un grand nombre de racines. Même les forts vents ne provoquent pas la chûte de ces palmiers.

La couleur vert foncé de toutes les couronnes atteste un état sanitaire excellent.

Le fait que tous les palmiers ont une partie de leur tronc couchée sur le sol constitue évidemment une anomalie. L'aspect de Boekit Rata est des plus exatrordinaires, mais laissons, comme nous le conseillerons à maintes reprises dans cette étude, « l'aspect » en dehors de nos préoccupations. Trop de capitaux déjà furent gaspillés pour sacrifier à cet ennemi de la plantation vraiment économique. Que nous importe que les palmiers soient couchés, si leur rendement est excellent ? Il semblerait paradoxal de dire qu'au contraire leur inclinaison constitue un avantage, et cependant, le fait que les palmiers de 10 ans ont, grâce à cette inclinaison, leur couronne à portée de main, facilite singulièrement la récolte.

On nous fera observer que, les palmiers vieillissant, ils subiront fatalement le sort des grands cocotiers qui finissent par se renverser dans les terrains de tourbe. Ceci n'est aucunement prouvé, les palmiers en plantation se protégeant mutuellement, mais en supposant que la chûte finale soit inévitable, nous avons toutes raisons de croire que ce ne sera pas avant

---

(1) Van Heurn, *loc. cit.*, p. 19. Boekit Rata est une des palmeraies de la Soengei Lipoet Cultuur Maatschappij. Tamiang. Sumatra.

le moment où toute autre palmeraie aura, de son côté, atteint une hauteur telle qu'il faudra procéder à son rajeunissement.

La constitution spéciale des terrains tourbeux implique certaines précautions à prendre pour leur mise en valeur. Le tassement important qu'ils subissent, dès qu'ils sont déboisés et drainés, rend utile de procéder à ces opérations un an avant la mise en place des plants. En vue d'un tassement plus important encore dans la suite, on plantera les jeunes palmiers plus bas que le niveau du sol environnant (entonnoirs).

Le développement des Elaeis est plus rapide dans ces sols riches en matières organiques et dès l'âge de 4 ans la fructification est suffisante pour commencer la récolte des régimes.

L'exemple de la plantation d'Elaeis de Negri Lama (1) est tout aussi typique. Etablie en grande partie sur terrain de tourbe de 1 à 2 mètres d'épaisseur sur de l'argile blanche, cette palmeraie peut être prise en récolte à trois ans et demie. Elle constitue une des plantations les plus riches de la Côte Est de Sumatra.

*
* *

A l'opposé des terres riches en matières organiques, se trouvent celles qui, déboisées jadis par les indigènes en vue de cultures vivrières, ont été abandonnées ensuite et se sont vues envahies par l'impérata. Des feux de brousse périodiquement allumés ont empêché la réapparition de toute végétation arbustive sur ces terrains, de sorte que le lalang reste seul maître.

Ce sont de pareilles terres que l'on a baptisé en Afrique Occidentale Française du nom général de « Savanes », nom qui est devenu dans cette Colonie synonyme de stérilité absolue. Nous reviendrons plus loin sur cette question.

Les plaines couvertes uniquement de lalang font actuellement à Sumatra l'objet d'une recherche toute spéciale en vue de l'établissement de plantations d'Elaeis. Pour ne citer que l'exemple de la Société Financière des Caoutchoucs, une surface de plus de cinq mille hectares de « savanes » est en voie de mise en culture. La réussite de l'Elaeis y est déjà chose absolument établie.

Il serait évidemment faux de considérer les savanes africaines comme nécessairement identiques aux plaines de lalang de Sumatra, les terrains étant différents, mais il est, à notre avis, également erroné de décréter en bloc que toutes les savanes africaines sont impropres à la culture. Lorsque nous exposerons les méthodes culturales que nous appliquons actuellement pour la mise en valeur de pareils terrains aux Indes, il apparaîtra que rien ne s'opposerait à leur adaptation aux terres de savanes africaines.

Nous aimons à citer ici une phrase de A. Fauchère (2) qui, après avoir déclaré que les savanes n'ont guère de valeur agricole pour l'Européen, ajoute en note : « Sous l'empire de nécessités qui peuvent naître d'un moment à l'autre, on sera peut-être forcé de mettre en valeur les steppes et les savanes des tropiques. La science, quand ce moment sera venu, saura trouver les moyens de tirer parti de ces terres actuellement sans valeur agricole ».

------

(1) Negri Lama : palmeraie de la Sennah Rubber C° Ltd (Bila Sumatra).
(2) A. FAUCHÈRE. *Guide pratique d'agriculture tropicale.*

Quoique nous ne voulions pas dire que ce moment où l'on est forcé de mettre les savanes en valeur soit venu pour l'Afrique, nous tenons cependant à attirer une fois de plus l'attention sur ces terrains, en raison du rôle qu'ils pourraient jouer dans l'histoire du Palmier à Huile.

La différence essentielle entre le sol de savanes à Sumatra et en Afrique est que le premier provient de la décomposition des roches éruptives relativement récentes, le second provenant de la décomposition de roches éruptives anciennes.

Nous nous trouvons en présence de terrains qui ont subi depuis un temps plus ou moins long et dans des conditions différentes, le phénomène encore imparfaitement connu de la latérisation, et s'il est vrai qu'en dernière analyse ce phénomène peut conduire à un sol exempt des sels minéraux nécessaires à la végétation, il est certainement faux de considérer toutes les savanes d'Afrique Occidentale Française comme ayant atteint ce stade ultime.

La régression de la valeur du sol a commencé à partir du déboisement et s'est accrue par les feux de brousse successifs; mais une preuve certaine que dans de nombreux cas la stérilité complète est loin d'être atteinte se trouve dans le fait qu'aux lisières des forêts, où pendant une année seulement des parties de savanes ont échappé à l'incendie, la végétation arbustive réapparaît.

Dans les endroits de la grande savane de Dabou à la Côte d'Ivoire où le feu n'a pas sévi depuis plusieurs années, la forêt gagne systématiquement sur la savane. M. Teissonnier, jadis Directeur du Service de l'Agriculture de cette Colonie, qui a fait une étude remarquable de la savane de Dabou pour l'Institut Colonial de Marseille (1), a pu remarquer nettement la réapparition de la végétation primitive.

Ce même phénomène, qui se manifeste à Sumatra d'une façon intensive, et dont nous verrons plus loin la manière de tirer profit, peut, à lui seul, suffire pour nous enlever toute crainte quant à la non-valeur du sol pour sa mise en exploitation.

De même que pour les sols de savane de Sumatra, on aurait, comme nous le verrons dans le chapitre suivant, à adopter en Afrique des façons spéciales pour cette mise en valeur, mais la simplicité même de ces façons s'adapterait tellement bien aux conditions de travail particulières aux Colonies Africaines que nous n'hésiterons pas à en préconiser l'introduction.

La Société Financière des Caoutchoucs qui contrôle à Sumatra un grand nombre de plantations de palmier à huile, n'a pas hésité à s'assurer d'importantes concessions dans la Savane de Dabou (Huileries de la Côte d'Ivoire) et d'y entreprendre la culture de l'Elaeis d'après les mêmes principes qu'elle applique dans les grandes savanes couvertes de lalang de Sumatra. Plus de mille hectares y ont déjà été plantés avec succès et d'importants programmes d'extension seront réalisés.

*
* *

Nous pouvons conclure, après ce que nous venons de voir au sujet du sol, que les terrains absolument impropres à la culture de l'Elaeis sont peu nombreux. Il est évident qu'il vaudrait mieux admettre en principe

---

(1) M. Teissonnier. Le Palmier à huile. Culture et expérimentation. *Bulletin des Matières Grasses*, Nᵒˢ 9, 10, 11, 12, 1921.

de n'entreprendre une culture que sur le terrain le plus apte à cette culture, mais c'est là un principe purement théorique. Nous devons nous en rapprocher le plus possible dans la pratique. Dans la culture de l'Elaeis, nous savons que les influences climatériques jouent un grand rôle. D'un autre côté, des facteurs d'ordre économique comme : frais de mise en valeur, moyens de communications, etc., sont d'une importance capitale. Ne pouvons-nous pas, dès lors, entreprendre la mise en valeur d'un terrain que nous savons être primitivement peu riche, mais qui nous permettra un défrichement simple, exigeant une faible main-d'œuvre, nous laissant, par les moindres dépenses qu'il nécessite, la latitude d'appliquer des méthodes d'amélioration déjà mises au point d'ailleurs ?

Et ceci d'autant plus dans des pays comme l'Afrique Occidentale Française où le manque de main-d'œuvre est toujours mis en avant comme empêchement de la mise en exploitation rationnelle du pays.

CHAPITRE II

LA CREATION DE LA PLANTATION

Nous passerons rapidement en revue, dans ce chapitre, les différents travaux à faire pour établir une plantation d'Elaeis.

I. — Choix de l'emplacement d'une plantation de palmier a huile

1° *Qualité du sol et conditions topographiques*. — En principe, une culture donnera toujours les meilleurs résultats sur le terrain qualitativement le meilleur. En pratique, on tâchera de se rapprocher le plus possible de cette formule pour l'établissement des plantations, en tenant compte de nombreux facteurs qui entrent en jeu. La possibilité du transport économique du produit terminé est essentielle comme nous le verrons, et l'organisation du transport des régimes sur la plantation est une question de première importance pour une huilerie. Le coût de celle-ci dépend de la configuration du terrain.

Le planteur aura souvent à choisir entre les terrains que nous avons vu au début de cette étude : grosse forêt, petite forêt et savane. C'est l'ensemble des conditions topographiques et de la qualité du sol qui doit le guider dans la détermination de l'emplacement d'une plantation de palmier à huile.

2° *Zone d'exploitation du palmier*. — Il est établi actuellement que le palmier à huile donne les meilleurs rendements dans les pays où les précipitations atmosphériques sont le plus régulièrement distribuées sur toute l'année, c'est-à-dire dans les régions où la distinction entre la saison sèche et la saison humide n'existe pas ou est peu marquée. Pour ce motif, nous trouvons les palmiers les plus prospères en Afrique dans la région équatoriale et la culture de l'Elaeis est surtout entreprise à Sumatra et dans la presqu'île de Malacca. Les latitudes de 5° Nord et 5° Sud délimitent en somme actuellement la zone d'élection du palmier.

D'intéressantes expériences sont en cours dans des régions à saisons plus prononcées.

Dans une étude sur le palmier à huile dans le Congo Portugais et dans l'enclave de Cabinda, M. Jansens (1) parle de palmerais situées à 7°8 au sud de l'Equateur. Il dit entre autres dans cette étude : « Il est reconnu qu'il faut au palmier beaucoup d'eau pour se développer, que cette eau lui vienne par les pluies ou par le sol. C'est ce qui explique que dans

---

(1) P. Jansens. *Le Palmier à Huile au Congo Portugais et dans l'enclave de Cabinda. Bul. Mat. Gras. de l'Inst. Col. de Marseille.* N° 7-8-9, 1927.

un pays à saison sèche bien déterminée, nous en trouvions des peuplements importants ».

Il peut se faire ainsi que des sols impropres à certaines cultures comme celle de l'hévéa, par suite d'une trop grande hauteur de l'eau dans le sol qui empêche le développement de la racine pivotante, soient bonnes pour la culture du palmier à huile qui a un système de racines entièrement différent. Il s'agit évidemment de voir si les rendements du palmier seraient intéressants dans ces terrains et ces régions. Il est exploité depuis la Guinée Française jusqu'en Angola, mais nous voyons ses rendements augmenter en nous rapprochant de l'Equateur. Si la culture est faite actuellement surtout dans cette région, il n'est pas dit qu'elle ne pourra être étendue dans la suite. Des méthodes culturales propres à certains climats, l'isolement par la sélection de types spéciaux de palmiers, peuvent, dans la suite, rendre l'Elaeis économiquement possible dans des régions où il n'existe qu'à l'état d'essai pour le moment.

II. — Germoirs

1° *La germination de la graine de palmier.* — Tous ceux qui se sont occupés de palmier à huile savent que la graine récoltée fraîche et après mûrissement suffisant, germe plus vite que la graine conservée plus ou moins longtemps à sec. Les graines expédiées d'Afrique (noix sèche et sans pulpe) ne germent que 6 à 18 mois après leur mise en germoir à Sumatra. Par contre, les fruits récoltés mûrs dans les plantations du pays même, germent presque tous en une période variant de 3 à 12 mois.

La germination espacée sur une si longue période constitue un réel désavantage pour l'établissement de plantations industrielles. Aussi a-t-on cherché à activer artificiellement la levée des graines d'Elaeis. Dans les laboratoires, on s'est appliqué, mais sans succès notables, à traiter les graines préalablement dépulpées, soit dans des solutions étendues de bases ou d'acides.

Le seul moyen qui ait réellement hâté la germination de la semence de palmier est une élévation de la température pendant les jours qui précèdent la mise en germoir. Cette élévation de température est obtenue soit en laissant fermenter les fruits non dépulpés en couches alternées de fruits et de fumier d'étable, soit en immergeant les fruits dépulpés dans de l'eau portée en une ou deux fois par jour à 40-50 degrés centigrades. L'immersion ou la fermentation dure une huitaine de jours.

Le degré de maturité des fruits récoltés pour servir de graines est de la plus grande importance également. Si les graines sont prélevées sur des régimes imparfaitement mûrs, la germination est mauvaise. Les graines doivent être mûries entièrement sur le palmier.

Quelle que soit le système d'élévation de température employée, les graines doivent être dépulpées avant d'être mises dans les germoirs.

2° *Etablissement des germoirs.* — Les germoirs doivent être établis au ras du sol en couches de sable de 20 cm. d'épaisseur environ. Les graines de palmier, préparées comme il vient d'être dit, sont enterrées à une profondeur de 2 à 3 cm. Les graines sont couchées sur leur grand axe à 3 cm. de distance l'une de l'autre. Les lits ont une largeur de 1 mètre environ, établis sans toit en plein soleil et arrosés deux fois par jour. Il est essentiel que les lits soient continuellement humides. En attendant que les premières germinations se produisent, on peut couvrir le sol des germoirs de lalang coupé.

Les premières levées commencent déjà au bout de six semaines et l'expérience confirme qu'après 4 mois 70 % des graines mises en germoir sont sorties.

Bunting, Eaton et Georgi *(loc. cit.)* ont obtenu plus de 80 % de germination en couvrant les lits de sable de vitres maintenues quelques centimètres au-dessus de ces lits.

Il va sans dire que les germoirs doivent être entièrement horizontaux.

III. — Pépinières

La place pour l'établissement des pépinières de palmier doit être bien choisie. Il est indispensable que l'emplacement choisi soit à proximité d'une source d'eau. Le terrain de la pépinière sera entièrement débarrassé de bois et de racines. Le sol sera ameubli par différents labours en prenant cependant soin que la terre de surface constitue aussi le dessus du sol de la pépinière.

Il est enfin absolument nécessaire que le terrain puisse être bien drainé. La pépinière sera établie de préférence en terrain presque plat, et là où ceci n'est pas possible, des mesures seront prises dès le début, afin que toute érosion soit empêchée (drains d'arrêt, terraces, etc...).

Les graines qui lèvent sur les germoirs doivent être transplantées dans la pépinière. Afin de ne pas blesser la tige et la racine, il est bon de procéder le plus vite possible à cette transplantation. Elle aura lieu, en effet, dès que le jeune palmier montrera une feuille non encore déroulée au-dessus du sable du germoir. Le jeune plant sera enlevé des germoirs à l'aide d'une spatule. On aura bien soin de ne pas détacher la graine de la jeune plantule au cours du repiquage.

Pendant les premières semaines qui suivent la mise en pépinière, et pendant les temps secs, il est nécessaire d'arroser une fois par jour les jeunes palmiers.

L'écartement à donner aux palmiers en pépinière dépend évidemment du temps pendant lequel on désire laisser ces palmiers en place. La durée de la pépinière dépend elle-même de plusieurs facteurs. Si l'entreprise dispose d'un matériel suffisant, il est préférable de ne planter que des palmiers qui ont au moins un an de pépinière. Afin de permettre à ces palmiers de se développer normalement, ils devront être mis en pépinière à 50 sur 50 centimètres. Si, pour des raisons quelconques, on désire créer des pépinières où les palmiers resteront plus d'un an, il sera recommandable de choisir un écartement plus grand (75 × 75 cm., 1 m. × 75 cm. ou 1 m. × 1 m.).

Une question qui souvent n'a pas assez l'attention des planteurs est celle de la fumure des pépinières. Il y a souvent moyen, par une fumure appropriée, de gagner un temps précieux ou de donner au matériel de plantation une vigueur que le sol pur et simple de la pépinière ne procurerait pas.

Le sol de la pépinière doit évidemment toujours être maintenu dans le plus grand état de propreté.

IV. — La plantation

L'âge de la mise en place dans la plantation proprement dite dépend du système d'ouverture employé, des ennemis du palmier existants sur le terrain où la plantation sera faite et du temps dont dispose l'entreprise.

On peut planter avec entier succès de reprise des palmiers ayant 5 à 6 mois de pépinière. Ces palmiers commencent à peine à faire leurs premières feuilles divisées. Il est facile de les transplanter avec une motte de terre.

Le danger qu'offre la plantation avec de jeunes palmiers, surtout lorsque le terrain n'est pas entièrement nettoyé (ce qui est le plus souvent le cas pour les plantations de palmiers) est l'attaque des jeunes plants par les divers animaux. Le jeune Elaeis constitue une proie pour le sanglier, les porcs-épics et les rats qui sont la plupart du temps présents sur tout terrain de palmeraie. Les appâts empoisonnés ne parviennent le plus souvent pas à avoir raison de ces animaux.

En dehors de ceux-ci, il y a d'ailleurs les sauterelles qui s'attaquent aux jeunes palmiers et provoquent souvent leur mort en dévorant toutes les parties vertes de la feuille. Les sauterelles nichent surtout dans le Mimosa, (légumineuse .

Pour échapper le plus possible aux attaques des animaux, on a recours à la mise en place de palmiers ayant au moins un an de pépinière. De pareils palmiers supportent très bien la transplantation, à condition de réduire la surface d'évaporation par une taille appropriée des feuilles. On ne laisse le plus souvent que 3 ou 4 feuilles et souvent on coupe encore celles-ci de moitié.

La mise en place peut avoir lieu avec la motte de terre provenant de la pépinière. Lorsqu'il s'agit cependant de planter de grandes surfaces, et que les pépinières n'ont pas été distribuées rationnellement sur la surface à planter, le transport des palmiers avec motte coûte souvent cher et est difficilement réalisable. On peut avoir recours alors à la plantation du palmier à racines nues. Il faudra cependant avoir soin de s'assurer que les nouvelles racines ne sont pas blessées pendant le transport. Afin de réduire l'évaporation au minimum, on procèdera à une taille des feuilles.

L'espacement adopté le plus généralement pour les palmeraies est de 9 m. sur 9 m. en triangle. Dans ce système, il y a 9 m. de palmier à palmier. La distance des lignes est égale à la hauteur du triangle équilatéral ayant 9 m. de côté, soit près de 8 m. Cet espacement permet de planter 143 palmiers par hectare, contre 111 avec le système en carré ou en quinconce. Le système en triangle a aussi l'avantage de permettre une meilleure utilisation du sol et de l'espace à planter, les couronnes de palmier étant rondes.

Les trous à faire pour la transplantation sont généralement de 50 cm. dans tous les sens. Lorsqu'on a recours à la transplantation de grands palmiers, on fait évidemment des trous plus grands.

CHAPITRE III

<hr>

LA TECHNIQUE ET LA MISE EN VALEUR DES DIFFERENTES
SORTES DE TERRAINS

I. — LE RÔLE DES PLANTES DE COUVERTURE ET DES PLANTES AMÉLIORANTES

Nous aurons, au cours de ce chapitre, à parler à chaque instant de l'application de différentes plantes de couverture, légumineuses ou autres. C'est pour ce motif que nous avons jugé préférable de commencer ce chapitre par un exposé de quelques données relatives à ces précieux auxiliaires de la grande culture tropicale moderne. Leur emploi s'est généralisé de telle sorte qu'il est permis de dire enfin que les plantations de Java et de Sumatra, où le système de nettoyage complet (clean weeding) est encore en vigueur, constituent de réelles exceptions.

N'est-il pas étrange qu'il ait fallu si longtemps pour faire abandonner le système néfaste du clean-weeding aux planteurs travaillant dans des colonies où les conseils des techniciens ne firent cependant pas défaut ?

Les motifs sont multiples, et un des plus importants est certes la conviction intime qu'avaient les planteurs que le clean weeding était le système le moins cher. En admettant même que cela fût vrai (et ce ne l'est que dans des cas exceptionnels) la ruine du sol que le clean-weeding entraînait fatalement derrière lui aurait dû être suffisant pour le faire abandonner. L'emploi de la méthode soi-disant la moins chère n'attaquait-elle pas directement le capital de l'exploitation : le sol, et l'économie du moment ne constituait-elle pas un faux calcul ?

Les frais que l'introduction des légumineuses ou autres plantes de couverture semblait entraîner, étaient dûs aux tâtonnements inévitables du début, tant pour le choix des plantes à employer que pour la façon de les planter.

L'échec de nombreux essais faits dans la pratique, souvent mis en train dans de mauvaises conditions par des expérimentateurs insuffisamment avertis, donnèrent l'impression que la couverture du sol n'était possible qu'au prix de dépenses considérables.

Car, il faut bien en convenir, la question qui seule, au début, préoccupa les planteurs fut surtout de savoir si la couverture coûterait moins cher que le clean-weeding. Ils voulaient bien appliquer une méthode pouvant enrichir considérablement leur sol, lui apporter automatiquement des quantités importantes d'azote, mais il fallait néanmoins que cette méthode entrainât moins de dépenses dans son application qu'une autre qui, systématiquement, travaillait à l'appauvrissement de leur terrain.

Il faut avouer que le raisonnement manquait de logique. Il eut l'avantage d'être cause de ce que l'on multiplia les recherches pour arriver réellement à une couverture plus économique que le clean-weeding.

La question se compliquait précisément du fait que, dans la plupart des cas, il fallait faire pousser une légumineuse sur le sol des plantations où les sarclages répétés pendant des années avaient favorisé singulièrement l'action du soleil et des pluies. La surface nue restante ne montrait le plus souvent plus trace d'humus, et toute vie microbienne utile y avait disparue.

On s'adressa pour la couverture à des plantes de différentes familles. L'immense avantage des légumineuses fixant l'azote de· l'air n'était pas perdu de vue, mais l'existence de plantes spontanées, non légumineuses, semblant par leur croissance rapide devoir vaincre toute mauvaise herbe et arrêter l'érosion, fit que l'on eût aussi recours à elles.

Heureusement, les Stations d'essai de Java et de Sumatra, tant officielles que privées, prirent-elles activement l'étude des légumineuses en mains, et dès 1913, nous trouvons dans la littérature les résultats d'essais systématiques entrepris par van Helten à Buitenzorg (1).

Cinquante-trois différentes légumineuses furent observées afin de déterminer pour chacune d'elles leur plus ou moins grande aptitude à rendre des services comme plante de couverture pour les grandes cultures : Caoutchouc, Palmier, Cocotier, Thé, Café, etc...

Procédant par élimination, van Helten ne conserva que celles qui ne nécessitaient pas un sol particulièrement riche et possédaient néanmoins une vitesse de croissance suffisante pour entrer efficacement en lutte contre les mauvaises herbes sans nécessiter une trop grande intervention pour l'entretien. On ne conserva pas non plus celles qui, sujettes à l'attaque de maladies ou d'insectes, pouvaient constituer un danger pour la culture principale.

Pour les légumineuses jugées intéressantes, on étudia ensuite comparativement différents caractéristiques comme : vitesse de croissance, possibilité d'être taillées, quantité de substance verte produite par an à l'hectare, susceptibilité de croître à l'ombre, faculté d'arrêter l'érosion, etc.

Les premiers résultats obtenus dans les jardins d'essai, on passa aux essais en grand dans la pratique. Les résultats les plus discordants qui furent obtenus vinrent montrer que des facteurs locaux devaient jouer un grand rôle.

Mais le but principal était atteint : l'attention était attirée sur l'utilité, plutôt que sur la nécessité, d'appliquer la couverture par légumineuses. L'intérêt porté à la question ira en grandissant jusqu'à nous conduire à la période actuelle où la collaboration des planteurs et des Stations d'essai a mis à notre disposition une petite collection de légumineuses choisies qui permettent de résoudre pratiquement la couverture des terrains les plus divers dans les conditions les plus variées.

---

(1) W.-M. Van Helten. *Mededeelingen van den Culturtuin van Buitenzorg.* N° 1, N° 2 et N° 6.

W.-M. Van Helten. Practische ervaringen met verschillende soorten groenbemesters. *Mededeelingen van het Algemen Proefstation voor den Landbouw* N° 16 (Weltevreden 1924).

Il faut même ajouter que cette collection se voit régulièrement augmentée de nouvelles légumineuses, trouvées le plus souvent à l'état spontané par des planteurs sur le terrain même qu'ils cultivent.

Les principales légumineuses actuellement d'un emploi courant et dont nous passerons les caractéristiques en revue ci-après sont : Mimosa Invisa, Téphrosia Candida, Crotalaria Usaromoensis, Crotalaria Anagyroïdes, Phaséolus Hoseï jadis appelé Vigna Oligosperma ou Vigna Hoseï, Centrosema Plumieri, Centrosema Pubescens, Colopogonium Muconoïdes (ex-Glycinia Javanica), Pueraria Phaséolides (ex-Puéraria Javanica) et Indigofera Endecaphylla.

Nous devons aussi constater avec plaisir que les pays jadis les plus rebelles à l'introduction des légumineuses en sont arrivés aujourd'hui à l'application en grand. Nous voulons parler surtout des Straits et de Ceylan où le clean-weeding jouissait encore de grandes faveurs, il y a quelques années à peine.

En Indochine, où cependant l'existence de saisons humides et sèches bien marquées rend difficile et souvent même dangereux l'introduction pure et simple de légumineuses employées à Sumatra, il est procédé actuellement en grand à la plantation de plantes de couvertures.

Mimosa Invisa

Les surfaces actuellement couvertes de Mimosa Invisa à Sumatra se chiffrent par dizaines de mille hectares. C'est certes la légumineuse à laquelle on a le plus recours pendant les premières années qui suivent le défrichement des nouvelles surfaces. Le Mimosa Invisa est jusqu'à présent la seule légumineuse capable d'étouffer toute mauvaise herbe, voire même, dans certains cas, le lalang. C'est une plante semi-rampante, épineuse. Son pouvoir couvrant est considérable. Semé en rangées distantes de 3 mètres, le Mimosa peut couvrir complètement un terrain en 3 mois sans qu'il soit nécessaire d'intervenir. Pour certains sols cependant, il y a des exceptions dont il sera question plus loin.

On peut hâter considérablement la vitesse de germination des semences de Mimosa en les immergeant dans de l'eau ayant 50 à 60 degrés C. au moment de l'immersion et en les y laissant séjourner 12 à 18 heures. Les graines ainsi traitées sortent régulièrement au bout de 2 à 3 jours.

L'action favorable de la chaleur sur la germination du Mimosa est mise nettement en évidence chaque fois que l'on brûle un champ couvert de Mimosa portant des semences. Deux ou trois jours après le brûlage, des milliers de petites plantes germent. Au bout de quelques semaines, le terrain est absolument couvert de jeunes Mimosas.

Le Mimosa qui porte des feuilles à folioles très menues donne cependant une couche d'humus considérable. Il a surtout une action ameublissante très intense sur le sol. Ce fait est en grande partie imputable aux conditions favorables qu'il crée sous sa couverture à la vie animale (vers, insectes) dans la couche arable.

La durée d'existence du Mimosa est très variable d'après les circonstances. On connaît des surfaces considérables (vieux champs de tabac) où le Mimosa couvre le sol depuis plus de six ans sans avoir manifesté de signes de dépérissement. Par contre, dans les plantations, il dépérit périodiquement, par exemple tous les ans au Tamiang dans les vieilles palmeraies et à de plus grands intervalles dans les jeunes plantations.

Quoi qu'il en soit, la propriété qu'il a de se ressemer lui-même réduit fortement l'inconvénient de sa disparition périodique.

En intervenant à temps, il est du reste possible de maintenir constamment le terrain sous une épaisse couche de Mimosa, condition absolument nécessaire si l'on veut se servir de cette légumineuse pour étouffer le lalang.

Le dépérissement périodique est retardé et souvent en partie atténué en abattant régulièrement les fleurs du Mimosa de façon à empêcher la formation de semences.

La particularité d'être épineux est jusqu'à un certain point un inconvénient qui rend cette plante peu désirable dans les plantations en rendement. C'est cependant la présence de ces épines qui permet de retourner facilement le Mimosa sur lui-même, les jets que l'on relève, pour dégager les rangées de palmiers par exemple, s'accrochant immédiatement à la masse de Mimosa des interlignes.

Actuellement, le Mimosa Invisa est surtout employé à Sumatra dans les plantations non en rapport. Lorsque la plantation plus âgée donne de l'ombre la couverture dégénère. On remplace alors le Mimosa par une autre légumineuse qui pousse à l'ombre. Pendant les premiers temps, les semences de Mimosa qui existent par milliers dans le terrain jadis couvert de cette légumineuse, lèvent en masse dans la nouvelle couverture. Le weeding, qu'il faut d'ailleurs appliquer dans les débuts de toute nouvelle couverture, devra éliminer systématiquement le Mimosa qui lève spontanément.

Tephrosia Candida

Cette légumineuse arbustive offre le grand avantage de pousser sur des sols relativement pauvres et de supporter un grand nombre de tailles successives. Elle peut, par conséquent, produire une grande quantité de substance verte (jusqu'à 15 tonnes par hectare l'an en 3 tailles) et convient donc particulièrement bien dans les cas où la reformation de la couche d'humus du sol s'impose.

Le Tephrosia Candida ne possède pas la propriété de submerger toute mauvaise herbe. On ne peut pas, comme pour le Mimosa, se contenter de le semer et l'abandonner à lui-même. Le sol dans lequel on le sème doit être exempt de lalang et il est nécessaire d'effectuer 2 ou 3 nettoyages en attendant que les plants soient suffisamment grands pour vaincre les mauvaises herbes.

Nous verrons que pour la couverture des sols de forêt nouvellement défrichés, où le lalang n'existe par conséquent pas, le Tephrosia Candida convient particulièrement bien.

Le Tephrosia semé en rangées distantes de 50 à 60 cm. peut couvrir le sol en 3 à 4 mois. Lorsqu'il atteint une hauteur de 1 mètre environ, il est bon de le tailler une première fois à 30 cm. du sol environ. Une plus grande formation de branches en résulte et la couverture du sol devient plus complète.

Comme le montre très bien Bobilioff dans les photographies de systèmes radiculaires de légumineuses qu'il publie (1), le Téphrosia Candida

---

(1) Dr. W. Bobilioff. Het wortelstelsen van groenbemesters en van Hevea. *Archief voor de Rubbercultuur* N° 6 (1927).

développe rapidement un système de racines profondes. Cette légumineuse convient dont particulièrement bien aux terrains dont le sous-sol est relativement compact.

Le Tephrosia Candida fleurit abondamment au bout de 4 à 5 mois et donne une quantité considérable de gousses. Malheureusement, celles-ci sont-elles attaquées par un charançon qui y pénètre et y dépose ses œufs. Les larves qui naissent se nourrissent des graines. L'attaque est souvent telle qu'il est impossible de trouver sur de dizaines d'hectares une seule gousse épargnée.

On peut combattre cette attaque en prenant la précaution d'enlever pendant une période de 70 jours (durée du cycle évolutif de l'insecte) toutes les fleurs et gousses d'un champ de Tephrosia isolé. Dans ces conditions, l'insecte disparaît. On laisse refleurir après cette période et il est le plus souvent possible de faire une récolte. Un autre moyen consiste à récolter les gousses avant maturité complète, il reste alors un certain pourcentage de graines non dévorées qui, tout en étant imparfaitement mûres, germent convenablement.

Le Tephrosia Candida a sur beaucoup d'autres légumineuses l'avantage de vivre longtemps (4 à 5 ans). Il offre cependant l'inconvénient de devenir ligneux. Il ne pousse pas à l'ombre, mais lorsqu'il se trouve dans une plantation jeune, où l'ombre devient de plus en plus intense, il s'adapte relativement bien et peut être maintenu un certain temps.

Crotalaria Usaromoensis

Cette légumineuse est également arbustive, mais supporte cependant moins bien la taille que le Tephrosia Candida. Elle donne de nombreuses graines. Le Crotalaria Anagyroïdes est plus élevé que le précédent. Ses racines atteignent des couches plus profondes.

Dans les régions à période sèche prolongée, les branches coupées et les tiges sèches des Crotalaria constituent un danger d'incendie.

Phaséolus hoseï (ex-Vigna hoseï ou Vigna oligosperma)

Cette légumineuse est remarquable par sa propriété de pousser parfaitement à l'ombre. Elle constitue par le fait même une bonne plante de couverture pour les vieilles plantations.

Le Phaséolus Hoseï est une plante rampante légèrement grimpante, se fixant au sol par de nombreux stolons. Elle donne très peu de graines et se propage surtout par boutures. Cette légumineuse ne possède pas la propriété d'étouffer les mauvaises herbes et il est nécessaire de procéder à de nombreux nettoyages si l'on désire qu'elle occupe seule le terrain. Aussi la couverture de Vigna pur revient-elle assez cher par hectare.

La couverture serrée que le Vigna produit sur le sol empêche toute érosion. Toutefois, la production d'humus est beaucoup moins considérable avec cette plante de couverture qu'avec d'autres à feuilles plus grandes et plus nombreuses. C'est cette dernière propriété qui est cause que l'on fait surtout usage maintenant du Phaséolus Hoseï en mélange comme nous le verrons plus loin.

Centrosema Plumerii

Ce Centrosema rampant et grimpant pousse plus rapidement que la Vigna et produit une masse de feuilles très considérable. Il ne réussit cependant bien qu'au soleil ou sous une ombre très faible. L'enthousiasme que cette légumineuse avait rencontré s'est fortement calmé les derniers temps à cause du fait qu'elle meurt au bout de 1 à 2 ans et que, malgré le grand nombre de semences, la nouvelle levée se produit très mal. Pendant la période de dépérissement, les herbes réenvahissent le terrain et un nouvel entretien s'impose pour aider les jeunes plants. Il est remarquable d'ailleurs que la vigueur de celles-ci est en général inférieure à celle des plantes de première génération. Un autre inconvénient du Centrosema Plumerii est sa grande susceptibilité d'avoir ses racines envahies par certains nématodes qui entravent absolument sa croissance.

Nous signalons surtout cette légumineuse parce qu'elle reste intéressante pour couvrir rapidement un terrain de forêt que l'on veut soustraire après brûlage à l'envahissement des herbes et de l'impérata

Colopogonium Muconoïdes (ex-Glycinia Javanica)

Cette légumineuse fut trouvée à l'état spontanée à Sumatra. Elle est rampante et donne une grande quantité de semences. Son introduction en grand dans la plantation date de 1923. Le Colopogonium présente le grand désavantage de dépérir environ tous les ans. Le grand nombre de graines tombées par terre assure bien la formation d'une nouvelle couverture, mais pendant les trois mois que le sol reste partiellement à découvert, le weeding doit prévenir toute réapparition de mauvaises herbes et surtout de lalang qui envahit rapidement les parties découvertes.

Le Colopogonium ne pousse qu'imparfaitement à l'ombre. C'est pour ce motif et aussi parce qu'il couvre en 2 à 3 mois le terrain qu'on emploie surtout cette légumineuse pour les nouvelles ouvertures. Elle constitue une couche d'humus très importante. Ses dépérissements annuels font qu'actuellement le Colopogonium est surtout employé en mélange.

Centrosema Pubescens

L'introduction de cette légumineuse dans la grande culture à Sumatra ne date que de 1923. Le Centrosema Pubescens se différencie du Centrosema Plumieri parce qu'il a des feuilles plus petites et qu'il est beaucoup moins vite attaqué par les parasites des racines. Il a des fleurs allant du lilas au blanc et donne de nombreuses graines.

Le Centosema Pubescens est certes la légumineuse qui a le plus de succès actuellement dans les cultures de l'hévéa et du palmier à huile à Sumatra. Cette plante ne présente pas, comme le Colopogonium, des dépérissements annuels et pousse aussi à l'ombre. Elle pousse moins vite que le Colopogonium et se montre plus difficile pour le terrain. Nous verrons que le Centrosema Pubescens entre également dans le mélange de légumineuses à semer.

Comme pour toutes les plantes de couverture, cette légumineuse doit être aidée par un weeding bien fait pendant les premiers mois de sa croissance. Ce n'est que lorsque le Centrosema occupe presque tout seul le terrain des interlignes que le nettoyage peut s'espacer.

Pueraria Phaséolides (ex-Pueraria Javanica)

Le Pueraria ressemble beaucoup au Colopogonium, surtout lorsque ces deux légumineuses croissent au soleil. Les fleurs sont cependant entièrement différentes et se présentent en épis dressés pour le Pueraria.

Cette légumineuse pousse très bien sous l'ombre épaisse des vieilles plantations. Elle ne dépérit pas tous les ans. Nous connaissons personnellement des plantations d'hévéa où la couverture de Pueraria a été maintenue pendant plus de six ans sans montrer d'autres signes de dépérissement qu'une diminution de vigueur du feuillage correspondant à l'époque de l'hivernage.

La couverture de Pueraria est superbe dans les jeunes plantations. La feuille de cette légumineuse est plus grande au soleil qu'à l'ombre. Dans les deux cas, une importante couche d'humus est formée.

Mélange de plusieurs légumineuses

Les inconvénients que nous avons signalés pour chacune des légumineuses en particulier peuvent être partiellement éliminés en employant un mélange de plantes améliorantes.

Lorsque l'on a à faire à une nouvelle plantation que l'on veut couvrir rapidement en réduisant au minimum et les frais de weeding et la période où le sol est nu, il faudra avoir recours au mélange de Colopogonium Muconoïdes et de Centrosema Pubescens, dans les proportions de 75 % du premier et de 25 % du second. Le Colopogonium lève le premier et couvre rapidement le sol. Le Centrosema se développe moins vite, mais se développe très bien dans la couverture déjà existante de Colopogonium. Lorsque cette dernière légumineuse subit son premier dépérissement (après avoir fleuri et fait de nombreuses graines) le Centrosema a déjà envahi presque tout le terrain.

Le Pueraria Phaséolides peut entrer favorablement dans le mélange à semer, mais les semences de cette légumineuse sont relativement rares et coûtent très cher (500 florins les 100 kilos). On peut constituer le mélange à semer comme suit : 75 % de Colopogonium, 20 % de Centrosema et 5 % de Pueraria. Comme généralement on propage le Pueraria par boutures, on peut aussi introduire cette dernière légumineuse dans la couverture au premier dépérissement du Colopogonium en plantant une bouture tous les mètres au milieu de Centrosema restant.

La pratique qui consiste à semer ou planter les légumineuses en mélange trouve de plus en plus d'adeptes. Il n'y a d'ailleurs pas lieu de limiter ses mélanges, la plupart des légumineuses vivant parfaitement bien ensemble.

Nous avons constitué des couvertures garantissant toute l'année et des années durant la couverture parfaite du sol à l'ombre en plantant ou en semant un mélange de Vigna Hoseï, de Colopogonium Muconoïdes, de Centrosema Pubescens et de Pueraria Phaseolides.

La couverture du sol a remplacé le clean-weeding dans la presque totalité des plantations des Indes. Nous avons remarqué qu'en Afrique et particulièrement à la Station expérimentale du Palmier à Huile de la Mé en Côte d'Ivoire la question des légumineuses est prise à l'étude. Blondeleu et Rochette ont fait d'intéressantes expériences sur les différentes légumineuses introduites à la Station. Les résultats en ont été publiés dans le Bulletin mensuel de l'Institut National d'Agronomie Coloniale (1).

---

(1) L. BLONDELEAU et M. ROCHETTE. Sur des essais de plantes de couverture. *Bul. Mens de l'Institut d'Agronomie Coloniale*, N°s 134 à 137 (1929).

**

Nous voilà donc arrivés à ne plus avoir à choisir que parmi un très petit nombre de légumineuses que des observations systématiques prolongées nous ont montré être munies d'un maximum de qualités. Ce sera au planteur de faire ce choix en s'inspirant des circonstances particulières du terrain qu'il doit couvrir. S'agit-il d'un terrain de forêt, d'une plaine de lalang labourée ou non labourée, d'une vieille plantation ombragée, etc., il connaît les caractères propres à chacune des plantes dont il peut disposer, et les chances d'insuccès se limitent à des cas particuliers.

Sur un même terrain, les conditions topographiques peuvent être très différentes d'un endroit à l'autre et exiger l'emploi de légumineuses variées Il sera nécessaire de couvrir les pentes d'une espèce spécialement apte à arrêter l'érosion, soit par une couverture complète, soit par la création de haies, plantées perpendiculairement au sens de la pente et servant d'amorce à la création de terrasses spontanées.

La couverture des vieilles plantations nous a déjà mis devant des cas difficiles, la terre superficielle étant devenue pratiquement stérile par l'action prolongée du weeding appliqué souvent pendant plus de dix ans.

Aucune légumineuse ne pousse dans de pareils terrains si on n'a pas recours à des moyens artificiels : l'emploi du fumier ou d'engrais chimiques.

C'est là un bel exemple de la situation anormale créée par le weeding continuel qui nous oblige actuellement à *fumer* nos terres si nous voulons y faire pousser un *engrais vert*. Réparer l'erreur coûte beaucoup plus cher que de la prévenir. Heureusement l'apport éventuel d'engrais, nécessaire pour permettre la croissance des légumineuses, en vient-il, en fin de compte, à être profitable à la culture principale et nous aurons même l'occasion de voir des systèmes de travail où nous employons les légumineuses pour fixer et transformer les engrais chimiques destinés en réalité à la culture principale.

Nos essais de fumure de légumineuses nous ont conduit à conclure que sur tous les terrains un apport de fumier d'étable garantit la réussite même avec des quantités faibles comme 2 à 3 tonnes par hectare. La fumure ne consiste pas, dans ce cas, à un épandage sur toute la surface, mais à une distribution de fumier dans les trous de plantation ou les rigoles de semis. Un grave inconvénient de l'emploi de fumier d'étable est l'immense quantité de semences d'herbes qu'il apporte dans la plantation. Celles-ci levant souvent plus vigoureusement que la légumineuse elle-même, rendent plusieurs nettoyages nécessaires, sauf lorsqu'il s'agit de Mimosa Invisa.

La disponibilité de quantités suffisantes de fumier d'étable étant, d'une part, une exception dans les plantations et son transport rendant, d'autre part, son emploi onéreux, nous avons examiné quels étaient les engrais chimiques les plus favorables pour activer le développement des légumineuses. La sensibilité considérable des légumineuses à l'apport de quantités même faibles de phosphore nous est apparue au cours de nos essais. Une distribution de 50 kg. de superphosphate par hectare (épandu le long des lignes plantées de légumineuses seulement) doublait, dans certains cas, la vitesse de croissance de la Vigna Oligosperma. Dans des terrains où cette légumineuse ne poussait absolument pas, un apport de 75 kg. d'un mélange de deux parties de superphosphate et une partie de sulfate de potasse donnait des résultats remarquables. Pour rendre facile un épandage d'aussi petites quantités d'engrais chimiques, nous avons recours au mélange des substances fertilisantes avec du sable ou de la terre absolument secs. Le mélange est fait dans des proport.ons telles que le coolie qui fait l'épandage en distribue une poignée à chaque pas qu'il fait le long de la ligne plantée ou à planter en Vigna.

Les autres légumineuses se sont montrées aussi sensibles à cette fumure que la Vigna Oligosperma (Phaseolus Hoseï).

Pour combiner l'action du phosphore à celle de la chaux, dont l'influence favorable sur la vie microbienne du sol nous est connue, on peut, dans certains cas, remplacer avantageusement le superphosphate par les scories de déphosphoration (Scories Thomas). On emploie dans ce cas un tiers de poids en plus que dans le cas du superphosphate.

*
* *

Un facteur qui agit d'une façon remarquable sur le développement des légumineuses est le drainage. Il est probable que son action est due plus à l'aération du sol, favorisant la vie microbienne, qu'à l'éloignement de l'eau elle-même. Nous avons vu le cas d'une palmeraie, plantée en terre grise, où malgré trois ensemencements successifs et un apport de fumier d'étable le Mimosa Invisa ne parvenait pas à pousser. Un mois et demi après l'établissement de petits drains de deux pieds de profondeur toutes les trois rangées de palmiers, le Mimosa couvrait entièrement le sol.

*
* *

Il nous reste à parler des systèmes de couverture du sol où l'on n'a pas recours à des légumineuses. Le plus souvent, dans ce cas, on s'adresse à des plantes croissant à l'état spontané en effectuant ce que l'on appelle le « selected-weeding », de façon à ne laisser subsister que la ou les espèces auxquelles on veut confier la couverture du sol (Passiflora Foetida, Ageratum Conyzoides, Hydrocotyle Aziatica, etc.). Ce système entraîne plus de frais qu'il ne semble à première vue, la plupart de ces plantes étant annuelles et ne se ressemant qu'imparfaitement si on n'a pas recours de temps en temps à un labour pour éliminer les herbes qui finissent toujours par envahir la couverture.

La couverture des plantations par différentes herbes, fauchées périodiquement, rencontre beaucoup d'adeptes quoiqu'il soit probable que la croissance de l'herbe seule finisse par trop fermer le sol.

Dans les systèmes de mise en valeur de terrain que nous allons examiner maintenant nous verrons des cas dans lesquels la couverture du sol est abandonnée entièrement à la végétation spontanée, même arbustive.

Nous exposerons comment les plantes de couverture que nous venons de passer en revue nous aident à transformer en plantations rationnelles les terres les plus diverses, depuis la forêt vierge jusqu'à la savane couverte de lalang.

II. — LA MISE EN VALEUR DES TERRAINS DE GRANDE FORÊT

L'existence de couches importantes d'humus que l'on a l'habitude d'admettre en principe sous le couvert de toute grosse forêt tropicale, est un des motifs qui ont toujours fait classer les sols des forêts comme les meilleurs pour la culture. La protection continuelle du sol contre l'action directe de la pluie et du soleil permettent, en outre, d'y prévoir un stock de réserves alimentaires minérales non appauvri.

Est-il cependant exact qu'une couche d'humus doive nécessairement exister sous toute forêt, les substances végétales et animales, résidus de la vie, s'accumulent-elles invariablement dans tout sous-bois sans que les processus de leur décomposition n'atteigne le stade où, solubilisées, les substances utiles deviennent entraînables ?

Nous savons qu'il existe des cas, même relativement nombreux, où il ne peut être question d'accumulation de couches d'humus même dans le sous-bois épais. Les conditions nécessaires à cette accumulation ne sont pas toujours réalisées et la destruction des débris organiques marche souvent à une vitesse égale, sinon supérieure, à son apport. C'est ce qui se passe chaque fois que la température, l'aération et l'apport d'eau sont tels qu'ils favorisent un développement intensif de la faune et de la flore microscopiques qui vivent aux dépens de tous les détritus organiques, les transformant en substances solubles aptes à s'infiltrer dans le sol ou à se perdre avec les eaux de ruissellement.

Mais en supposant que nous ayons à faire à une forêt où vraiment il existe une importante couche d'humus, voyons ce que devient cette richesse tant recherchée au cours de la succession de travaux exécutés pour l'établissement d'une plantation.

L'énorme masse de bois, une fois abattue et séchée, est brûlée. Quiconque a assisté à l'incinération de ces immenses bûchers a pu se rendre compte que, même par ce premier brûlage seulement, une notable partie des matières organiques couvrant le sol disparaît. Le soleil et la pluie qui, avant l'incendie, ne pouvaient exercer une action directe sur le sol, y parviennent dès maintenant sans obstacle, et leur action néfaste sur ce que la première combustion a épargné commence.

Viennent ensuite la remise en tas et une nouvelle incinération des restes de bois non brûlés, entraînant une dénudation de plus en plus complète du terrain.

Si le but que l'on s'est proposé (comme cela se rencontre actuellement même pour l'établissement de palmeraies) est de ne planter qu'en terrain absolument propre, on procède à l'essouchement. Il en résulte un premier ameublissement partiel du sol qui, pendant longtemps encore, restera à découvert.

En suivant toujours la marche des travaux dont beaucoup de planteurs de palmiers ne veulent toujours pas comprendre l'erreur, ce terrain primitivement si riche, débarrassé de tout bois superficiel, sera soumis à un labour profond dans le but de l'aérer.

En prenant le cas le plus favorable, le sol sera alors ensemencé d'une légumineuse quelconque. Encore est-ce là une pratique qui sera actuellement presque générale, mais qui ne fut appliquée jadis sur aucun de ces terrains ouverts à tant de frais. Le clean-weeding venait alors donner le coup de grâce aux rares vestiges d'humus qui avaient échappé à ce traitement barbare.

Cependant, l'erreur de toutes ces pratiques néfastes pour la conservation de l'humus fut de plus en plus mise au jour. Des voix des plus autorisées, comme celle de Mohr (1) n'hésitèrent pas à émettre la thèse que l'apparition de maladies de plus en plus nombreuses et même la

---

(1) Dr. E.-G.-J. MOHR. Ondergang der Cultures een Humuskwestie ? (*Bodemcongres Djokja* 1916).

disparition complète de certaines cultures dans des régions où elles furent un jour très florissantes, pouvaient être imputées à l'absence d'humus.

Et lorsqu'enfin l'absolue nécessité de cet humus pénétra le monde des planteurs, d'une part, et que, d'autre part, on eut sous les yeux la difficulté de reconstituer cet humus par l'introduction de légumineuses dans les vieilles plantations, une question se posa logiquement à ceux qui réellement voulaient faire de la culture rationnelle : si l'on veut s'imposer de grands frais de défrichement pour mettre en valeur un sol riche en humus, n'est-il pas essentiel de ne pas détruire cet humus ? Et, si les opérations que nous avons décrites plus haut semblent d'application indispensable à d'aucun n'arrivera-t-on pas à un résultat identique, si non meilleur, en s'adressant à des terrains couverts d'une végétation autre que la grosse forêt vierge ?

En même temps, la grande crise financière (1920-1921) vint orienter les vues sur des systèmes de mise en valeur plus économiques. Les dépenses considérables admises jusqu'alors comme normales pour l'ouverture d'un hectare de plantation étaient devenue un empêchement à l'extension de la culture de l'Elaeis, cependant pleine de promesses.

On se rappela alors, qu'en somme, la culture de l'Elaeis était une culture forestière et que peut-être on s'était imposé bien des travaux inutiles et coûteux pour la préparation du sol destiné à cette culture. Ne s'était-on pas trop laissé influencer par l'exemple des plantations de caoutchouc, si sensibles aux maladies de racines qui avaient pour origine les restes de bois pourrissant dans le sol. L'Elaeis s'était montré presque libre de toute attaque de ce genre de maladie cryptogamiques et les rares cas observés n'avaient pris un caractère de gravité que dans les terrains appauvris par le clean-weeding. Fickendey a remarqué d'ailleurs que la présence des souches laissées en place n'était pas en cause dans l'apparition de ces maladies.

Grâce à la crise peut-être, nous vîmes enfin des idées, jadis rejetées *à priori*, trouver crédit. Pour autant que les terrains de grosse forêt furent encore pris en considération pour l'établissement de palmeraies, ce qui devint immédiatemen plus rare, on admit que l'on pouvait se contenter d'un défrichement beaucoup plus rudimentaire.

Dans la mise en valeur de pareils terrains, que nous n'attaquons actuellement que dans les cas exceptionnels où il s'agit d'étendre une vieille palmeraie sur les réserves existantes des concessions partiellement ouvertes, nous nous sommes arrêtés au système que nous allons décrire ci-après. Celui qui ne l'a pas vu réalisé dans la pratique ne manquera pas d'avoir quelque peine à en comprendre la réalisation, surtout s'il a assisté jadis au travail considérable que nécessitait le déblaiement du sol après un premier brûlage souvent mal réussi.

C'est de ce premier brûlage que dépend d'ailleurs en grande partie la facilité de la mise en exécution de la suite du programme.

Afin de réunir le plus de chances de succès, la forêt est abattue près d'un an avant le brûlage de façon à permettre une exciccation complète de tout le bois. Pendant la période sèche de l'année suivant l'abatage, on procède à un recoupage de la petite brousse qui a repoussé. Celle-ci constitue, quand elle est elle-même bien sèche, un excellent apport pour favoriser un bon brûlage. Il ne faut pas hésiter dans l'application de ce système d'ouverture à dépenser un peu plus d'argent à la préparation de l'incendie. Les autres travaux devenant dans la suite beaucoup plus aïsés, ces frais supplémentaires se rattrapent facilement. C'est ainsi qu'il est excellent de faire dégager dans la forêt abattue des petits chemins facilitant la marche des coolies lors de la mise à feu. Trop souvent des incendies sont manqués par l'insuffisance du nombre des foyers allumés.

Après ce premier brûlage, il n'est plus procédé à un amoncellement ni à un second brûlage. Le premier brûlage est inévitable pour déblayer le terrain, mais nous arrêtons là la destruction des matériaux qui, par leur décomposition, nous fourniront dans l'avenir un apport considérable d'humus.

On passe ensuite immédiatement au piquetage *de la direction des rangées* à planter. Ce piquetage se fait de proche en proche en partant d'une base soigneusement établie sur une bande de terrain entièrement dégagée à une des lisières. Les rangées sont débarrassées, sur une largeur de 2 m. 50 environ, des troncs non brûlés qui jonchent le sol et que l'on rejette dans les futurs interlignes. On recoupe en même temps les branches des couronnes qui ont mal brûlé de façon à ce que la couche de bois qui couvre le sol ne soit pas trop haute. Ce n'est que lorsque les rangées sont ainsi dégagées que l'on passe au piquetage proprement dit. Il va de soi que ce travail est moins aisé dans un pareil terrain que sur les surfaces entièrement nettoyées. Mais, une fois de plus, nous sacrifions légèrement l'aspect en ne nous imposant pas d'obtenir une plantation où l'on peut voir dans toutes les directions les arbres alignés impeccablement. *Nous exigerons un alignement parfait dans une direction seulement : la future direction de récolte*, c'est-à-dire, celle qui sera perpendiculaire au chemin où les récolteurs viendront déposer les régimes que le Decauville conduira à l'usine. Quelques irrégularités dans les directions obliques nous importent peu. Nous savons cependant par expérience qu'il est possible d'obtenir un piquetage très soigné, même dans ces terrains encombrés de bois, pour peu que l'on confie cette besogne à un indigène intelligent que l'on aura entraîné spécialement.

Dans les rangées, on ne procède qu'à l'enlèvement des seules souches qui se trouvent à l'emplacement exact où doit venir un palmier.

Au fur et à mesure que l'ouverture des lignes permet de circuler plus facilement sur le terrain, on doit commencer immédiatement le semis de légumineuses. Les variétés grimpantes sont toutes indiquées pour ce terrain. Le Colopogonium en mélange avec le Centrosema qui ont un pouvoir envahissant considérable sont employés avec le plus de succès. Le développement est suffisamment rapide pour le gagner de vitesse sur la végétation spontanée qui ne tarde pas à réapparaître. Celle-ci ne meurt pas nécessairement sous les légumineuses grimpantes, mais forme avec elles un splendide couvert sous lequel le bois se trouve dans d'excellentes conditions pour se décomposer, en même temps que le sol est absolument protégé contre toute érosion et toute insolation directe. Le Mimosa Invisa peut évidemment aussi être employé, mais nous préférons, en général, n'avoir recours à cette plante que là où il s'agit surtout de combattre le Lalang. Le Tephrosia Candida, semé immédiatement après l'incendie, couvrira également très bien le terrain en ne nécessitant qu'un ou deux nettoyages.

La présence dans les interlignes de ces amoncellements de bois entremêlés de végétation spontanée et de légumineuses semblera peut-être constituer un inconvénient pour la plantation de palmier elle-même. Il n'en est rien.

L'unique précaution à prendre est de n'employer pour la mise en place dans les palmeraies ainsi établies que des Elaeis ayant au moins un an de pépinière.

Nous avons appris, à nos dépens, comme c'est toujours le cas dans l'innovation de toute nouvelle méthode, que c'est à tous points de vue une erreur de planter des jeunes palmiers de 2 à 3 mois à leur place définitive. Quel que soit le terrain à défricher, ces petits plants deviennent les victimes des attaques d'ennemis les plus variés, parmi lesquels il faut citer les rats, les sangliers, les cerfs, les porcs-épics, les sauterelles. Les palmiers d'un an sont rarement attaqués. Leur reprise ne laisse d'ailleurs rien à désirer et dans certains cas spéciaux, nous n'hésiterons pas à transplanter des Elaeis de 2 et 3 ans.

Ce qui frappera peut-être le plus dans cette façon de travailler, c'est l'absence complète de tout labour. Pourra-t-on réellement mettre en exploitation un sol de forêt sans lui faire subir le classique labour destiné à aérer le sol et à lui permettre, pour employer la locution habituelle, de « perdre son acidité » (« uitzuren »)?

Il est, comme dans toute question de pratique agricole, dangereux de généraliser un raisonnement, mais nous n'hésitons pas à déclarer, pour la plantation d'Elaeis en terrain de forêt, le labour inutile et, dans certains cas, absolument contre-indiqué. Les palmiers sont mis en place dans des trous de $90 \times 90 \times 70$ cm., qui ont été creusés plusieurs semaines avant la plantation. Ces trous sont remplis de terre de surface, de sorte que le palmier trouve à sa disposition immédiate une terre riche et meuble.

En très peu de temps, l'inextricable fouillis des racines de la végétation forestière primitive, tuée en grande partie par l'incendie, pourrissant dans le sol, y aura créé une multitude de petits canaux. Il en resultera un ameublissement et une aération du sol qui auront les effets utiles d'un labour sans en avoir les inconvénients, le labour impliquant en effet fatalement que le sol reste nu, exposé à la pluie et au soleil pendant plusieurs semaines.

On objectera que le labour aurait comme résultat de rendre assimilables des réserves alimentaires se trouvant dans le sol sous forme non assimilable pour le palmier. Remarquons, à ce sujet, que si tel est en effet le cas, on met ainsi ces substances dans un état qui les rend aussi entraînables par les pluies. Or, le palmier d'un an mis en place ne possède pas un système radiculaire tel qu'il peut immédiatement utiliser toute la surface de la plantation. C'est pour cela que nous préférons abandonner à des processus naturels, effectuant le même travail que le labour, mais d'une façon plus lente et plus méthodique, la transformation de la terre de forêt en milieu optimum pour une culture comme celle de l'Elaeis, sans nous exposer à perdre une partie de nos réserves alimentaires.

Une fois de plus nous ne faisons pas ce raisonnement d'une façon purement théorique, mais en nous basant sur les résultats obtenus dans les nombreux défrichements que nous avons contrôlés personnellement à Sumatra.

Ne doit-on pas se poser la question : comment se comporteront les palmiers plantés dans de telles conditions par rapport à d'autres plantés en terrain labouré ?

L'expérience des plantations est assez ancienne. Le développement d'Elaeis vieux de cinq ans, plantés comme il a été dit ci-dessus, permet de constater un développement splendide. L'exemple du palmier d'Afrique nous viendra en aide dans ce cas-ci. Ne trouve-t-on pas, en effet, dans les forêts très grossièrement abattues par les indigènes pour l'établissement de leurs cultures vivrières, une levée vigoureuse de palmiers ? Et ceux-ci ne croissent-ils et ne produisent-ils pas, dès qu'ils dominent la végétation arbustive, d'une façon absolument normale ? Si l'indigène d'Afrique se contentait de tenir basse la végétation forestière qui envahit ses palmeraies, il réaliserait, en somme, à l'espacement régulier des palmiers près, ce que nous venons d'exposer pour nos terrains de forêt.

L'extrême sensibilité du palmier à huile à la richesse du sol en matières organiques plaide en faveur de tout système qui tendra à maintenir le mieux possible ces matières organiques présentes et même à les augmenter.

Nous croyons que la mise en valeur du sol de forêt comme nous venons de le voir atteint ce résultat d'une façon remarquable.

Ajoutons, pour terminer, que l'aspect embroussaillé qui caractérise une plantation ainsi établie s'atténue très rapidement. La décomposition du bois et le recoupage de la végétation arbustive effectué à un mètre au-dessus du sol à la fin de la première année, donne déjà alors des interlignes d'aspect normal. Les rangées de palmiers elles-mêmes étant maintenues propres, les petits troncs restants sont enlevés au fur et à mesure que leur décomposition permet de les renverser aisément.

III. — La mise en valeur du terrain de jeune forêt

En appliquant la méthode de mise en valeur de terrain de grosse forêt comme nous venons de la décrire, les dépenses sont faibles.

Dans le cas de la création de plantations d'Elaeis tel que nous la concevons pour le moment aux Indes, il y a cependant un inconvénient à s'attaquer à la forêt vierge. Cet inconvénient provient de ce que le défrichement de la grosse forêt ne nous permet pas d'atteindre une allure de travail suffisamment rapide.

Pour mettre en valeur en un temps donné une surface de grosse forêt, il faut vingt fois plus de main-d'œuvre que pour mettre en valeur dans le même temps une même superficie de savane d'après le système que nous verrons plus loin.

En prenant l'exemple de l'allure que nous adoptons dans une Société à Sumatra où le programme d'ouverture, pour le palmier seulement, atteint en une campagne près de 5.000 hectares, il nous faudrait une armée d'abatteurs de forêt pour réaliser nos programmes actuels. C'est pour ce motif que nous préférons nous adresser à des terrains couverts d'une végétation moins intense.

La certitude que nous avons d'ailleurs que le palmier n'exige pas le sol de forêt vierge nous est donnée abondamment par l'exemple des plantations existantes, dont les rendements remarquables nous sont connus. Avec les légumineuses et les engrais chimiques nous disposons, comme nous l'avons déjà exposé, d'auxiliaires qui nous permettront d'amener notre sol dans des conditions aussi bonnes qu'un sol de forêt non abimé par un défrichement irrationnel.

La mise en valeur de terrains de jeune forêt est en petit ce que nous avons vu précédemment pour la grosse forêt. L'abatage pourra aller beaucoup plus vite, les gros arbres séculaires n'existant pas ou étant très rares.

Après un brûlage convenable, il est le plus souvent possible de passer au piquetage sans même devoir effectuer un travail spécial pour le dégagement des rangées. Et même, si l'on doit y avoir recours, le recoupage du bois est beaucoup plus aisé que dans le terrain de grosse forêt.

Pour la couverture du sol, on pourra avoir recours aux mêmes légumineuses que celles dont nous conseillons l'emploi pour le sol de grosse forêt. Les variétés arbustives comme le Tephrosia Candida et le Crotalaria Anagyroides conviendront encore mieux ici. Le but est, dans ce cas, de laisser pousser ensemble et ces légumieuses arbustives et la végétation arbustive spontanée pour les soumettre ensemble à des tailles qui nous fourniront une abondante couche de substances vertes.

Dans les terrains que nous réunissons sous l'appellation de petite forêt, on rencontre souvent des surfaces assez étendues, qu'il serait plus exact d'appeler futaie. Les arbres un peu importants y font défaut.

Dans de pareils terrains nous n'hésitons pas *à déconseiller même le brûlage*. Un abatage soigné qui tendra à ramener le plus près possible du sol la végétation arbustive coupée, pourra permettre l'ouverture des rangées et le piquetage, sans que l'on ait détruit par l'incendie une parcelle de matière organique. Provisoirement, aucune couverture ne sera introduite dans les interlignes où la végétation arbustive constituera une couverture suffisante qu'il s'agira uniquement de tailler périodiquement à bonne hauteur (une ou deux fois par an). Plus tard, lorsque les palmiers auront développé leur couronne et ombrageront le sol, il y aura lieu de faire disparaître méthodiquement la végétation arbustive initiale pour la remplacer par une légumineuse.

On peut aussi procéder plus rapidement au remplacement de la végétation arbustive par les légumineuses et faire commencer celle-ci dès la deuxième année de plantation. On procèdera alors systématiquement au fauchage des arbustes, au labour du milieu de l'interligne, au semis de la légumineuse ou du mélange de plantes améliorantes et enfin, au fur et à mesure que la couverture se développe, au labour de la surface restante de l'interligne. A notre avis il faut réduire, pour le Palmier surtout, au strict minimum le temps pendant lequel la terre reste nue.

IV. — La mise en valeur de terrains couverts de Lalang (savanes)

Trois facteurs contribuèrent à attirer l'attention sur ces terrains pour l'établissement de palmeraies :

a) Leur prétendue stérilité avait été contre-prouvée par la réussite de différentes cultures ;

b) Ils rendaient possible en un temps donné et avec une main-d'œuvre donnée l'établissement de la plus grande surface de plantation ;

c) Un enrichissement du sol était facile à obtenir par l'emploi de légumineuses et d'engrais chimiques.

Il est évident que les terres de toutes les savanes de Sumatra ne sont pas d'une valeur identique, de même qu'il pourra exister des différences marquées entres les terres des savanes d'Afrique.

De par leur formation même, nous avons vu que ces plaines ont été dans des conditions exceptionnellement favorables à l'appauvrissement de leur sol. Reste à voir jusqu'à quel stade cet appauvrissement a progressé, en d'autres termes, à quel degré de latérisation il est arrivé.

De nombreux facteurs jouent un rôle dans l'accomplissement des phénomènes complexes qui tendent à enlever au sol les réserves utiles pour la nutrition des plantes.

Nous avons supposé que, tant que la forêt existait, aucune régression de la fertilité du sol n'intervenait. Le déboisement, qui peut remonter évidemment, pour différentes savanes, à des époques très variables, a marqué le début de l'épuisement.

L'âge d'une savane déterminera, par conséquent, en grande partie, sa valeur. Et cependant nous ne possédons sur les processus des phénomènes de latérisation et sur leur vitesse que des renseignements encore très incomplets. En combien de temps un sol donné peut-il arriver au stade final de latérisation où il ne se compose plus que d'un mélange de quartz, d'alumine et d'oxyde de fer ? Il n'est pas difficile de s'imaginer quelle foule de circonstances peuvent influencer la marche des phénomènes. Une savane qui, pendant quelques années successives seulement, échappe au feu, peut voir changer par ce fait toute la marche de la transformation de son sol et de son sous-sol.

D'après la durée de l'action des agents transformateurs, qui, en l'occurrence, sont surtout les eaux de pluie chargées d'acide carbonique, la température, la végétation, etc., nous pourrons rencontrer toute une série de stades de latérisation plus ou moins avancés. Il en résulte que fatalement on commettra de grosses erreurs lorsque l'on attribuera en Afrique le nom de latérite, synonyme de stérilité, à tout sol qui possède plus ou moins la couleur rouge caractéristique des sols à différents stades de latérisation.

Lorsque Annet (1) parlant du choix des terres pour la culture du Palmier à Huile au Cameroun dit : « Les terres latéritiques sont aussi à abandonner » nous ne savons pas s'il vise uniquement les terres de latérites séniles ou s'il se sert de la locution communément employée en Afrique pour désigner les terres jaunes-rouges.

Tous les auteurs qui ont traité les questions d'agriculture en Afrique Occidentale Française ont été unanimes à condamner les terres des savanes. Ce que nous devons le plus déplorer c'est que cette déclaration ne soit pas étayée par des essais pratiques et, en particulier, par des essais de culture d'Elaeis même sur une petite échelle. Quelques milliers de palmiers, plantés, observés et cultivés dans des terrains de savanes depuis les quelques trente ans que la question de l'Elaeis est à l'ordre du jour en A. O. F., nous vaudraient actuellement plus que tous les raisonnements théoriques que nous pouvons faire.

Depuis l'époque où nous parcourions l'immense savane de Dabou à la Côte d'Ivoire en compagnie de M. Teissonnier, ce dernier a pu se convaincre sur place de la possibilité de transformer en plantation d'Elaeis cette grande plaine qui provoqua notre enthousiasme par la facilité qu'offrait sa mise en valeur.

Aussi, en répétant que nous admettons parfaitement la différence géologique entre les savanes de Sumatra et celles de l'A. O. F., allons-nous exposer ci-après les méthodes que nous employons couramment aux Indes pour y établir des palmeraies en savane, certains que même en Afrique l'application en sera possible avec succès, le jour où l'on sera convaincu qu'un effort dans le sens de la plantation est nécessaire.

---

(1) E. ANNET. *Le Palmier à huile au Cameroun et en Afrique Tropicale.*

Le lalang qui couvre les terrains qui nous occupent fut toujours considéré comme le grand ennemi du planteur. Ce qui lui a surtout valu sa réputation, ce sont les sommes considérables qu'il a fait et fait toujours dépenser lorsque l'on veut s'en rendre absolument maître, en l'extirpant par des labours successifs, pendant lesquels on élimine les moindres morceaux de rhizome.

Dans la culture de l'Hévéa, il est nettement visible que lorsque le lalang a envahi une jeune plantation, surtout lorsqu'il couvre le sol jusqu'au pied des arbres, il retarde le développement des plants. Il nous a été vite permis de constater que l'Elaeis était beaucoup moins sensible au voisinage du lalang.

C'est surtout cette particularité qui rendait les savanes intéressantes pour l'établissement des plantations de l'Elaeis. Certes, l'extirpation totale du lalang sur toute la surface de la savane, par des labours successifs, était toujours une opération moins longue que l'abatage d'une même surface de forêt vierge, mais dans le cas du labour de la totalité de la superficie nous retombons dans l'obligation de disposer de grandes quantités de coolies, si nous voulons maintenir notre allure rapide de défrichement.

Ce labour de la surface entière est d'ailleurs absolument inutile.

En prenant le cas des concessions que la Société Financière des Caoutchoucs a obtenu dans le district d'Assahan à Sumatra, nous aurons des exemples typiques de ces étendues de 3.000 à 3.500 hectares d'un seul tenant, couvertes de lalang parsemé de ci de là d'îlots de futaie ou de jeune forêt.

Ces surfaces convenablement explorées et mises en cartes sont confiées à un seul Européen qui, en un an, devra en transformer les premiers 1.000 hectares en palmeraie.

En principe, le système d'ouverture revient à labourer uniquement dans le lalang des bandes de 2 m. 50 de large correspondant aux futures rangées de palmiers. Le reste de la surface sera traité d'après une des méthodes que nous allons examiner. Après avoir abattu les éventuels îlots de petite forêt ou de futaie, on procède au piquetage des direction des lignes à labourer, c'est-à-dire que l'on dispose de loin en loin de grands jalons qui permettront aux travailleurs de labourer une bande de terrain suffisamment droite. Le piquetage définitif devant donner l'emplacement des palmiers ne se fait qu'après les labours.

Trois labours successifs suffisent en général pour débarrasser de lalang le sol des rangées. Reste maintenant à préserver celui-ci contre l'envahissement des racines venant des interlignes, toujours couverts de lalang

On y parvient aisément en prenant la précaution de maintenir, par l'établissement d'une rigole à droite et à gauche de la partie labourée, une coupure nette, entre la partie nettoyée et celle qui ne l'est pas.

La rangée labourée devant être maintenue propre jusqu'à ce que les palmiers aient atteint un certain dévelopement, une équipe de sarclage passera régulièrement au moins une fois par mois. Lors de son passage, les rigoles limitant la rangée labourée seront nettoyées à la houe et les racines de lalang (qui, à cause de l'existence de ces rigoles sont obligées de parcourir un trajet à l'air) seront sectionnées. C'est dans ces rangées ainsi traitées que seront faits les trous de plantation. D'après ce système, la surface réellement labourée ne représente que le tiers environ de la surface totale.

A droite et à gauche de la rangée labourée, le terrain reste donc couvert de sa végétation primitive. Nous pourrons traiter ces interlignes de différentes façons.

Partant du principe que notre terrain de savane a besoin d'être enrichi, surtout en humus, tous nos efforts doivent tendre vers ce but, et nous tâcherons, par conséquent, d'y remplacer le lalang par une autre végétation qui nous aidera à produire le plus vite possible sur le sol une accumulation de substances végétales en voie de décomposition.

Il est évident que cette couverture sera réalisée avec un **maximum** d'avantages lorsque l'on s'adressera à une légumineuse, la formation d'humus s'accompagnant dans ce cas de fixation d'azote atmosphérique , mais, dans la pratique, différentes raisons nous pousseront souvent à ne pas avoir recours *immédiatement* à ces plantes.

Nous savons, en effet, que la seule légumineuse qui peut avoir raison du lalang est le Mimosa Invisa. Mais l'expérience nous a appris, d'un autre côté, que l'emploi de cette légumineuse s'accompagne de certains inconvénients dont il est indispensable de tenir compte. C'est ainsi, par exemple, que le couvert extrêmement dense produit par le Mimosa constitue un refuge de prédilection pour les sauterelles. Ces insectes qui s'attaquent aux jeunes palmiers, vivent par millions dans le Mimosa. Ils ne constituent un réel danger que pour les Elaeis de moins d'un an. Il faut, par conséquent, ou bien renoncer à employer le précieux auxiliaire qu'est le Mimosa, ou bien ne planter dans les espaces où il couvre déjà le sol que des Elaeis âgés de plus d'un an. Comme on ne dispose pas toujours de matériel de plantation de ce genre, on pourra se voir obligé de s'adresser à un autre genre de couverture.

Un phénomène naturel que nous signalions déjà à propos des sols de savane pourra utilement nous venir en aide dans ce cas. Il s'agit de la réapparition spontanée de la végétation arbustive dans les plaines de lalang qui, pendant une certaine période, échappent aux feux de brousse. Dans les nombreuses savanes où nous établissons actuellement des palmeraies à Sumatra, nous avons pû nous rendre compte que ce phénomène ne se passe pas partout avec une même intensité ni une même vitesse. Certains terrains couverts initialement de lalang se voient au bout d'un an absolument peuplés de petits arbustes, tandis que d'autres ne laissent apparaître que lentement la végétation nouvelle clairsemée.

Nous venons utilement en aide à la réapparition de la végétation en faisant subir au lalang des roulages ou aplatissements périodiques. Il est, en effet, connu que le lalang que l'on aplatit contre le sol ne se relève pas et pourrit. Ce ne sont malheureusement que les parties aériennes de la mauvaise herbe qui subissent ce sort. Le rhizome continue à vivre et ne tarde pas à reformer de nouveaux jets qui traversent la couche de lalang sec produite par le roulage ou l'aplatissement. Cette repousse donne cependant lieu à du lalang moins dru et moins vigoureux que celui qui couvrait initialement le sol. Aussi serait-il possible, en continuant assez longtemps les roulages, répétés chaque fois que le lalang a acquis une certaine hauteur, de le faire disparaître partiellement. Il ne sera cependant pas nécessaire de pousser cette opération si loin dans la pratique, car dès que la nouvelle végétation, qui, après chaque roulage peut se développer librement, aura acquis une taille suffisante, on peut lui abandonner le soin de se substituer lentement au lalang.

L'aplatissement du lalang peut se faire à l'aide de rouleaux attelés de buffles ou bien simplement à l'aide d'une planche munie d'un manche qu'un coolie pousse devant lui en y appuyant un pied. Il n'est pas nécessaire d'ailleurs d'exercer une pression considérable pour maintenir le lalang couché. Les roulages effectués alors que la nouvelle végétation a déjà acquis un certain développement, ne sont pas nuisibles à cette dernière qui, contrairement au lalang, se redresse après le passage des rouleaux.

Lorsque cette végétation s'est solidement établie et qu'elle dépasse la hauteur du lalang qui subsiste encore sur le terrain en même temps qu'elle, il est bon de procéder à un recoupage des arbustes. En laissant les interlignes se couvrir d'une végétation trop élevée, les palmiers des rangées pourraient souffrir d'un manque d'air et de lumière. Il est d'ailleurs à conseiller d'orienter les rangées de palmiers dans la direction est-ouest, de façon à ce que l'insolation des arbres soit la plus complète possible et que la végétation des interlignes projette un minimum d'ombre dans les rangées

Un autre motif qui nous pousse à ne pas couvrir de Mimosa une palmeraie avant que les Elaeis n'aient acquis une certaine taille, est que nous avons constaté à plusieurs reprises que l'énorme développement du système radiculaire superficiel du Mimosa constitue dans le sol, souvent initialement peu riche des savanes une réelle concurrence pour les jeunes palmiers. Fickendey nous assura avoir personnellement constaté le même fait. Nos observations nous ont mené à la conclusion que, dans les terres de savanes, les jeunes palmiers se développent le mieux lorsque l'on maintient pendant la première année, dans un rayon d'un mètre autour de leur pied, le sol absolument exempt de toute autre végétation.

Lorsque, dans des terrains que nous aurons laissés se recouvrir lentement de végétation spontanée, nos palmiers auront atteint par exemple une taille de deux mètres, *nous pourrons alors décider de l'opportunité de passer systématiquement à une couverture améliorante*. Nous commencerons dans les endroits où la couverture spontanée aura provoqué une régression suffisante du lalang.

La végétation est, dans ces endroits, fauchée au ras du sol et la partie médiane de l'interligne est entièrement débarrassée de lalang pour être ensemencée de légumineuses. On procède ensuite comme dans le terrain de petite forêt et l'on passe au nettoyage complet de l'interligne au fur et à mesure que la légumineuse se développe.

D'après les terrains il peut y avoir avantage à prendre la surface de l'interligne en fauchages répétés plusieurs mois avant d'entreprendre l'introduction des légumineuses. Les fauchages répétés de l'impérata provoquent, en effet, la dégénérescence de ce dernier et la montée des racines vers la surface.

Le but final que l'on se propose devant toujours être celui d'arriver à une plantation où tout impérata aura disparu pour faire place à une couverture de légumineuses pour l'époque de prise en récolte, la disposition et la qualité du sol devra guider le planteur dans la méthode à suivre.

Lorsque l'on dispose de palmiers suffisamment grands, les inconvénients que nous signalions plus haut à propos du Mimosa n'ont plus la même importance et l'on peut avoir recours à cette légumineuse pour entreprendre en même temps la lutte contre le lalang et l'amélioration du sol.

Nous avons eu l'occasion de constater cependant que le développement du Mimosa est loin d'être identique sur tous les sols. Sur tel terrain, une couverture complète sera atteinte au bout de trois mois, alors que sur un autre des plants de Mimosa de trois mois n'auront pas atteint dix centimètres de hauteur. Ici, la couverture sera d'un beau vert, tandis que là le feuillage du Mimosa aura une teinte jaune-vert accusant un manque de vigueur.

Les causes de la non-réussite du Mimosa sur certains sols peuvent être complexes. En effet, si les légumineuses peuvent se contenter de terres pauvres en azote, ce n'est qu'à condition qu'elles puissent fixer l'azote atmosphérique. Or, cette faculté dépend de l'existence des colonies bactériennes vivant en symbiose sur les racines. Une condition essentielle est, par conséquent, l'existence des bactéries ; mais cette condition peut ne pas être suffisante. Une absence ou une insuffisance d'un des éléments alimentaires minéraux indispensables au développement des végétaux peut rendre la réalisation de la symbiose impossible.

Il sera aisé de se rendre compte, lorsque l'on se trouve devant une surface à couvrir de Mimosa, si le sol est dans ces conditions favorables pour permettre de réaliser cette couverture en un temps suffisamment court et sans exiger des interventions trop coûteuses. Un semis d'essai permettra, à quiconque possède un peu l'expérience de l'emploi des légumineuses, de supputer la rapidité de croissance dans un sol donné et la nécessité éventuelle de venir en aide à la plante de couverture par l'emploi de moyens appropriés dont nous parlerons ci-après.

Lorsqu'il est établi que la croissance du Mimosa se fera normalement sur le sol d'une savane donnée, il existe différentes façons de l'y introduire.

Une de celles qui donne d'excellents résultats, mais qui offre le désavantage d'exiger une grande quantité de graines (10 à 15 kg. à l'hectare) consiste à semer le Mimosa à la volée dans le lalang sur pied et d'y mettre feu ensuite. L'élévation de température que les graines de Mimosa subissent favorise considérablement leur pouvoir germinatif. Ce système présente cependant un inconvénient. Le lalang brûlé, lorsqu'il repousse, fleurit abondamment et donne d'immenses quantités de semences que le vent disperse. Dans le cas d'une ouverture intéressant une surface uniquement couverte de lalang, cet inconvénient est sans grande importance, mais il n'en est plus de même lorsque la savane que l'on veut mettre en valeur est parsemée de parties de moyenne ou petite forêt où le lalang n'existe pas et qui, mises également à nu après brûlage, risquent de se voir envahies par les semences de lalang.

On peut aussi semer le Mimosa au milieu des interlignes, dans des espaces de 50 centimètres de largeur qu'on laboure superficiellement. Il est bon, dans ce cas, de venir en aide au Mimosa en aplatissant une ou deux fois le lalang à droite et à gauche de la ligne semée. Le système qui consiste à semer le Mimosa en bordure des rangées de palmiers, à la limite de la partie nettoyée, est à déconseiller. Les plants de Mimosa arrivent ainsi à se trouver trop près des palmiers et il est nécessaire d'effectuer un entretien coûteux pour prévenir l'envahissement des palmiers par les jets de Mimosa.

Dans les terrains où un essai préliminaire aura permis de prévoir que le Mimosa ne se développera que très lentement, il est inutile d'essayer de l'introduire sans l'aider d'une façon appropriée. Ne pas le faire, sous prétexte qu'il en résulterait de plus fortes dépenses, serait une erreur, puisque, dans ce cas, on serait obligé de recommencer plusieurs fois les semis et d'effectuer des travaux d'entretien pendant toute la période où la légumineuse reste petite. Encore faut-il supposer qu'en fin de compte elle parviendrait à atteindre un développement normal sans aide, ce qui n'est pas nécessairement vrai.

Comme nous l'avons déjà dit au chapitre où nous traitions spécialement des légumineuses, l'application de quantités même faibles de fumier d'étable peut suffire pour provoquer le développement vigoureux de légumineuses dans un sol où primitivement elles restaient malingres. Dans ce cas, le fumier agit uniquement par l'apport de bactéries utiles.

Il sera aussi toujours facile de déterminer si l'apport de chaux, de phosphore, de potasse, seuls ou en mélange, permet au Mimosa de croître normalement dans un sol déterminé.

Pouvons-nous dire maintenant que le Mimosa aura raison du lalang ? *Il n'est permis de répondre affirmativement à cette question que dans un seul cas.* Le Mimosa tue le lalang à condition de le maintenir assez longtemps et d'une façon continue sur le terrain. Or, le Mimosa meurt périodiquement, mais en donnant de grandes quantités de semences. Il s'agit donc, si l'on veut ne pas donner au lalang l'occasion de profiter de la disparirition momentanée de la couverture, pour reprendre le dessus, de provoquer le plus vite possible la levée des semences de Mimosa tombées sur le sol. Un système produisant une levée très rapide et extrêmement drue consiste à simplement mettre le feu au vieux Mimosa couvert de graines. Ce système offre cependant le grave inconvénient de brûler en grande partie l'humus formé. Aussi ne conseillons-nous d'avoir recours à ce procédé que dans le cas, par exemple, où la première couverture a été insuffisamment compacte.

Lorsque l'on a affaire à une plantation où le Mimosa existe depuis plusieurs années, on peut toujours être certain qu'il y a sur le sol une quantité suffisante de graines non germées, pour donner une levée de jeunes plants par simple mise à nu du sol. On profitera de cette particularité pour prévenir la disparition périodique de la couverture. Dès que, en effet, l'apparition de graines fait prévoir la mort prochaine du vieux Mimosa, on y dégagera de loin en loin de petites bandes de terrain. Les nouvelles plantes qui lèveront auront acquis, lors de la disparition du vieux Mimosa, un développement suffisant pour garantir une nouvelle couverture rapide du sol.

On a invoqué souvent contre l'emploi des savanes, pour l'établissement de plantations, le danger d'incendie. En saison sèche, en effet, le lalang est éminemment combustible. L'expérience est venue montrer cependant que l'on s'était fortement exagéré ce danger. Par le fait même de l'existence des rangées de 2 m. 50, entièrement nettoyées, coupant la surface couverte de lalang, la transmission du feu sur de grandes surfaces est empêchée. D'un autre côté, par mesure de précaution, on établit de loin en loin, et perpendiculairement à ces rangées, des coupe-feu, que l'on fait correspondre d'ailleurs avec les chemins de contrôle et les futures voies d'évacuation de la récolte.

*
* *

Il nous resterait, avant de terminer ce chapitre où nous avons passé en revue les différents terrains à mettre en valeur, à conclure en faveur de l'un ou l'autre de ces terrains. Tout ce qui précède aura, pensons-nous, suffisamment mis en lumière que ce seront les conditions particulières dans lesquelles se trouvera celui qui veut créer des palmeraies qui décideront de la plus ou moins grande valeur qu'un certain terrain pourra avoir pour lui.

La savane permet l'ouverture rapide à peu de frais et autorise, par conséquent, quelques dépenses supplémentaires pour l'amélioration du sol.

La forêt, rationnellement défrichée, donnera un sol plus riche, mais rendra impossible la mise en valeur de grandes surfaces en peu de temps, à moins de disposer d'une main-d'œuvre considérable.

Nous nous réservons d'examiner dans un autre chapitre s'il est compatible avec les conditions spéciales de l'Afrique Occidentale de prévoir l'établissement de plantations d'Elaeis. Mais ne semble-t-il pas dès maintenant tout indiqué que, dans ce pays, où le manque de main-d'œuvre est donné comme empêchement capital de tout effort dans cette direction, on devrait avant tout examiner la possibilité d'exploiter les surfaces pour lesquelles un minimum de main-d'œuvre est requis ?

CHAPITRE IV

LE MATERIEL EMPLOYE ET LA SELECTION DE L'ELAEIS POUR L'ETABLISSEMENT DES PLANTATIONS A SUMATRA

Une heureuse coïncidence voulut qu'à l'époque où les conditions économiques permirent de reprendre à Sumatra l'extension de la culture de l'Elaeis, la nécessité de la sélection venait de trouver crédit dans une autre branche des cultures tropicales : celle de l'Hévéa. Il avait fallu plusieurs années de patientes recherches pour accumuler les preuves nécessaires à convaincre les planteurs de caoutchouc, que par le choix méticuleux des arbres reproducteurs et l'application de certains procédés opératoires, ils pouvaient obtenir des plantations nouvelles d'un rendement de beaucoup supérieur aux anciennes, issues de graines quelconques.

Suivant un phénomène commun dans le monde des cultures tropicales, l'enthousiasme pour la sélection atteignit rapidement un point culminant.

Les planteurs de palmier devaient se ressentir avantageusement de cet état d'esprit, car d'emblée le problème de la sélection fut inscrit en tête du programme de ceux qui projetaient soit la création de plantations nouvelles, soit l'extension de plantations déjà existantes.

La culture de l'Elaeis était toute jeune encore à Sumatra lorsque les techniciens des Compagnies de Plantation et des Stations d'Essai, ceux de l'Avros en particulier, introduisirent les méthodes de sélection dans la pratique industrielle.

Le matériel de départ existant était abondant et varié, et nous verrons comment, en très peu de temps, nous avons pu disposer à Sumatra d'un ensemble de données et de méthodes opératoires qui nous mettent actuellement dans une situation que l'Afrique Occidentale est loin d'atteindre.

I. — Les variétés d'Elaeis existant aux Indes Néerlandaises

La presque totalité des Elaeis qui peuplent les plantations de Sumatra sont des descendants des quatre palmiers importés à Buitenzorg de la Réunion ou de l'Ile Maurice en 1848. (Voir chapitre I). La plupart des anciennes plantations reçurent, en effet, leurs graines de Saint-Cyr, de Bekalla ou de Tandjong Morawa où avaient été plantées, respectivement en 1884, 1888 et 1903, des allées de palmiers, descendants directs des quatre palmiers de Buitenzorg.

Les travaux de Hunger (1) et de Maas *(loc. cit.)* montrèrent que c'était par erreur que l'on avait supposé que les palmiers de l'allée de

---

(1) J.-G.-J.-A. MAAS. *Voorloopige mededeeling over de Selectie by de Oliepalm (Avros)*, traduit en français dans le *Bul. Mat. Gras. de l'Inst. Col. de Marseille*, N° 9-1924.

Saint-Cyr provenaient de graines reçues du Jardin Botanique de Singapore.

Nous nous trouvons ainsi à Sumatra devant le fait vraiment exceptionnel de n'avoir dans la plupart de nos palmeraies que des descendants d'un petit nombre d'ancêtres dont le type et l'origine sont connus. Et, particularité plus intéressante encore, le type des palmiers de Buitenzorg s'est maintenu remarquablement constant dans sa nombreuse descendance. Ceci nous permet de dire actuellement que nous nous trouvons bien en présence d'une variété déterminée d'Elaeis. Les premiers palmiers plantés comme arbres d'ornementation ainsi que les plus vieilles plantations de cette Ile se trouvant dans le District de Deli (Côte Est de Sumatra) on donna au palmier le nom de Type de Deli

Plus tard, on le classifia botaniquement dans la variété dura.

Le seul critérium qui a toujours servi pour différencier deux variétés de palmier fut la composition du fruit. Aucun caractère morphologique bien distinct n'a permis jusqu'à présent d'établir une classification rationnelle. La composition centésimale du fruit constitue d'ailleurs, à notre point de vue, un facteur essentiel qui peut nous servir à différencier des types de palmier dans la pratique. C'est de cette composition que dépend, en effet, *le rendement en huile de nos plantations*.

Les classifications de Chevalier et de Beccari conservent tout leur intérêt. Elles ont graduellement contribuées à nous amener la classification sommaire que nous verrons dans la suite (1).

Les plantations de palmier de Sumatra (exception faite de celles qui furent établies à l'aide de semences importées d'Afrique) ne présentent pas dans la composition centésimale de leurs fruits les fluctuations importantes que l'on rencontre dans les palmeraies de l'Afrique Occidentale.

La *composition moyenne* des fruits du type Deli a été vérifiée sur des milliers de régimes et peut s'exprimer comme suit :

Pulpe .... 60 %
Coque .... 32 %
Amande .... 8 %

La *composition centésimale moyenne* des fruits de la variété Communis (A. Chevalier) constituant à elle seule plus des 90 % des peuplements de l'Afrique est :

Pulpe .... 35 %
Coque .... 50 %
Amande .... 15 %

La composition du fruit du type de Deli montre immédiatement l'avantage en faveur des palmiers de Sumatra. Yampolsky (2) assigna dans la classification simplifiée de l'Elaeis une place dans la variété Dura au palmier de Sumatra. Annet *(loc. cit.)* employa déjà ce nom dans sa classification simplifiée des palmiers du Cameroun.

Les planteurs des Indes Orientales pouvaient s'estimer heureux que le hasard des premières importations leur permît de disposer pour l'éta-

---

(1) A. CHEVALIER. *Documents sur le Palmier à Huile* (1910). Fasc. VII : *Les végétaux utiles de l'Afrique Tropicale Française*. — Odoardo BECCARI. *Il Genere Cocos Linn. e le Palme affini*, Firenze Istituto Agricolo Italiano, 1916.
(2) V. HUNGER, *loc. cit.*

blissement de leurs plantations d'un matériel notablement supérieur à ce qu'aurait pu leur donner la descendance de la majorité des palmiers d'Afrique Occidentale ou Equatoriale. Cet avantage ne fit heureusement pas perdre de vue qu'il y avait moyen d'atteindre mieux encore, tant par la sélection du type de Deli lui-même que par celle appliquée aux bonnes variétés d'Afrique, déjà représentées à Sumatra d'ailleurs.

En dehors des plantations constituées uniquement par des palmiers de la variété Dura, il en existe plusieurs à Sumatra où l'on peut retrouver toute la série des variétés des palmeraies spontanées d'Afrique. Les premiers planteurs d'Elaeis de la Côte Est de Sumatra eurent bien recours principalement aux graines qu'ils pouvaient se procurer sur place, mais ils ne se contentèrent pas de cette source unique et, à plusieurs reprises, il fut fait appel à des importations de graines d'Afrique. Lors de l'établissement des premières plantations d'Elaeis, on ne possédait pas, en effet, sur l'origine, la valeur et la constance des premiers palmiers importés (Type Deli) les données que nous possédons actuellement. D'un autre côté, les différentes variétés d'Elaeis peuplant les palmeraies d'Afrique avaient été décrites, et l'attention attirée sur la valeur particulière de certaines d'entre elles, caractérisées par l'abondance de leur pulpe et la minceur de leur coque.

Il est probable que dans les importations de graines d'Afrique il ne fut guère fait un choix spécial. Plus tard seulement, une attention particulière fut attachée à l'origine des semences pour certains envois. Même dans ces derniers cas, la descendance se composa d'une forte majorité de types semblables au palmier commun d'Afrique à pulpe très mince et coque très grosse.

La rareté relative des types à coque mince dans les palmeraies naturelles de l'Afrique, où la pollinisation abandonnée à la nature fait intervenir, dans la majorité des cas, du pollen de palmier commun, permettait d'ailleurs de prévoir cette descendance hétérogène et en particulier la réapparition prédominante des caractères du palmier commun.

Au point de vue de l'établissement immédiat des plantations de palmier à Sumatra, l'importation des graines d'Afrique avait donc été une erreur. Il n'en était pas de même au point de vue de la sélection, puisque c'est grâce à ces importations, étagées sur une quinzaine d'années, que nous avons sous la main, à Sumatra, un matériel complet qui a servi de point de départ à une sélection rationnelle. Dans les plantations issues de graines venant d'Afrique, le plus grand nombre des variétés que l'on trouve dans le pays d'origine de l'Elaeis étaient représentées. On avait intérêt aux Indes à multiplier les variétés intéressantes et surtout à s'en servir pour la sélection.

Les planteurs qui avaient dans leurs palmeraies de nombreux types africains à grosse coque (appelé type Congo) se rendirent rapidement compte, par comparaison avec le type Deli, du désavantage qui en résultait au point de vue rendement en huile de palme. Aussi a-t-on commencé, ces dernières années, à éliminer les types africains de moindre valeur en laissant subsister et en repèrant spécialement les rares types de valeur et de même origine. Ce travail d'élimination présentait quelques difficultés à cause de la dispersion irrégulière des palmiers d'Afrique dans les plantations. Le plus souvent, en effet, ces plantations avaient été faites sans planter à part les graines des différentes origines.

Avant de passer à l'élimination des types indésirables, il fallait procéder à leur identification. Ce travail était d'ailleurs relativement simple, le type Congo se laissant distinguer du type Deli par une simple incision au couteau. La pellicule très mince de pulpe qui recouvre les noyaux des palmiers ordinaires d'Afrique les différencie des noyaux du type Deli qui ont une pulpe plus épaisse.

Le palmier d'Afrique présente souvent une certaine différence dans le port de la couronne, différence qui est assez visible dans une palmeraie où ces palmiers voisinent avec des palmiers de Sumatra. Le plus souvent aussi, les palmiers africains portent-ils sur la face inférieure des pétioles, des tâches noires.

Dans la classification sommaire dont nous avons déjà parlé, Yampolsky a proposé de donner à la variété à grosse coque le nom d'Elaeis guinéensis *var. macrocarya* et au palmier à coque mince, celui d'Elaeis guinéensis *var. tenera*.

Nous adopterons d'ailleurs cette nomenclature dans la suite.

En prenant les épaisseurs et les pourcentages des coques comme point de comparaison, les trois variétés vues jusqu'à présent peuvent être définies comme suit :

Var. macrocarya : coque de 4 à 8 mm., soit 40 à 60 % du poids du fruit.

Var. dura : coque de 2 à 5 mm., soit 20 à 40 % du poids du fruit.

Var. ténéra : coque de 1/2 à 2 mm., soit 5 à 20 % du poids du fruit.

*
* *

En dehors de plantations proprement dites, il existe, à Sumatra, de petits complexes de palmiers à huile, provenant de graines importées d'Afrique, mais sur l'origine desquelles on possède des données plus certaines. Le choix des graines fut sans doute effectué avec plus de soins. Il existe trois complexes de ce genre à Sumatra. Ce sont : celui du Jardin de Sélection Gouvernemental de Bogorédjo (Lampongs), celui de Bangoen Estate appartenant à la Handels Vereeniging Amsterdam et enfin celui de Kwala Krapoh Estate appartenant actuellement à la Assahan Cultuur Maatschappij se trouvant sous la Direction de la Société Financière des Caoutchoucs. Nous parlerons de ces complexes dans la suite.

II. — LE CHOIX DES ARBRES REPRODUCTEURS ET LA SÉLECTION PROPREMENT DITE A SUMATRA

A) *Variété Dura*

Ce sont des palmiers de la variété dura qui peuplent la presque totalité des plantations d'Elaeis actuellement en rapport à Sumatra. Les observations rassemblées dès 1918 par van Helten et en 1919 par Rutgers et van Heurn, mirent déjà en lumière la valeur de cette variété pour la grande culture.

L'examen de deux facteurs : *productivité* et *composition centésimale du fruit* devait précisément montrer que si, pour une plantation prise dans son ensemble, ces deux facteurs atteignaient des *valeurs moyennes comparativement très intéressantes*, les palmiers examinés individuellement en accusaient d'assez fortes oscillations.

Tout comme dans une plantation d'Hévéa, la population d'une surface donnée se compose d'individus bons producteurs voisinant immédiatement avec d'autres, d'une valeur' moindre, voire nulle. Les conditions extérieures étant identiques dans les cas d'arbres voisins, les différences de valeur des différents producteurs sont dûes à des dispositions individuelles propres à l'arbre, dispositions dont on pourra escompter la transmission par hérédité à la descendance.

Il apparaît, dès lors, qu'une *première amélioration relative* des palmiers pour les plantations est déjà réalisable en ne prenant comme arbres porte-graines que des individus accusant au maximum dans les plantations déjà existantes, certains caractères avantageux.

Il s'agissait de déterminer si une importance plus grande devait être accordée à *la productivité du palmier* ou à *la composition centésimale du fruit*. Il fallait examiner :

1° Dans quelles limites variaient ces deux facteurs;

2° Si, pour un individu donné, ils pouvaient réellement atteindre des valeurs exceptionnellement favorables et se maintenir telles d'une manière constante.

L'étude systématique de ces deux questions constituait le point de départ de la sélection. Elle comportait une grande série d'observations qui furent entreprises par tous les techniciens qui s'occupaient du palmier à Sumatra. Tout particulièrement et sur une très vaste échelle, les specialistes attachés directement aux plantations s'occupèrent de *déterminer le plus vite possible les palmiers porte-graines qui fourniraient les semences nécessaires à l'établissement de nouvelles plantations.*

a) *La productivité de la variété dura à Sumatra.*

La productivité de l'Elaeis est sujette à une périodicité résultant de l'alternance des séries d'inflorescences mâles et femelles. Cette alternance ne suit aucune règle et varie dans de grandes limites d'un individu à l'autre. Dans une plantation de palmiers, on trouve toujours .

1° *Des palmiers portant uniquement des inflorescences femelles et des régimes de fruits à différents stades de maturité;*

2° *Des palmiers portant des régimes .de fruits à différents stades de maturité et des inflorescences mâles;*

3° *Des palmiers portant uniquement des inflorescences mâles à différents stades de développement;*

4° *Des palmiers ne portant d'organes reproducteurs d'aucun sexe.*

Il ressort de ce qui précède qu'il est est impossible de se rendre compte de la productivité des palmiers sans les soumettre à une observation prolongée. Souvent, en effet, tel palmier donnant pendant plusieurs mois uniquement des inflorescences mâles peut très bien donner dans la suite une longue série de régimes femelles.

Un pareil travail d'observation, portant sur une période de plus de trois ans, nous a permis de constater que dans une palmeraie donnée, certains individus manifestent de longues périodes de floraison femelles alternant avec de courtes périodes de floraison mâle, alors que d'autres individus manifestent le phénomène absolument inverse. Ce qui nous incite à croire qu'il s'agit là d'un caractère individuel du palmier, est que les deux cas diamétralement opposés se rencontrent sur des palmiers voisins, se trouvant donc dans des conditions extérieures identiques. Une conclusion définitive ne pouvait être tirée qu'en prolongeant les observations. On pouvait, en effet, supposer qu'après avoir donné pendant plusieurs mois surtout des inflorescences femelles, un palmier entre dans une période où les inflorescences mâles soient en prédominance. Rapportée à une période de cinq à six ans, la production totale de deux palmiers paraissant essentiellement différente au moment où on les examine, pourrait, en somme, être identique. Nous ne supposions pas que telle devait être la règle générale, car nous aurions, dans ce cas, dû remarquer parmi nos arbres en observation, choisi initialement à cause de leur productivité apparente, certains palmiers qui n'auraient plus donné que des régimes mâles une fois que le grand nombre de régimes de fruits qui les avait signalés avait été récolté. Tel ne fut pas le cas dans les années suivantes.

Nous avons choisi pour exprimer la productivité d'un palmier, le *nombre* de régimes et non le poids des régimes ou le poids des fruits récoltés en une période donnée, ces deux derniers facteurs semblant cependant devoir donner, à première vue, les indications les plus précises. L'expérience nous a montré qu'il est suffisant de s'en tenir au nombre de régimes. Le poids des régimes et le poids des fruits contenus dans ces régimes peut être fortement influencé par certaines circonstances extérieures. La fécondation peut être plus ou moins complète, la taille des feuilles plus ou moins poussée, le sol peut être plus ou moins riche, etc... Le facteur poids moyen du régime et des fruits produits n'entrera en jeu que plus tard et il s'agira alors de maintenir le plus constante possible toutes les conditions extérieures dont nous venons de parler.

Contrairement à ce qu'on attendrait, le poids des régimes d'un palmier donnant peu de régimes n'est pas de beaucoup supérieur au poids des régimes d'un palmier en donnant beaucoup.

Si nous prenons des exemples parmi les arbres porte-graines de Sumatra (Mopoli, Estate), nous voyons que le poids moyen des régimes de palmiers ayant produit 8 régimes par an est de 17 kg., de même que pour les palmiers ayant donné 10 régimes par an. Le poids moyen du régime est respectivement de 16 et de 15 kg. pour les palmiers qui ont donné 15 et 18 régimes par an. Nous connaissons d'ailleurs parmi les arbres porte-graines un individu donnant depuis plusieurs années une moyenne de 28 régimes par an à un poids moyen de 17 kg. par régime.

Nous savons maintenant d'une façon certaine qu'il est possible d'influencer la productivité du palmier à huile en agissant sur les conditions extérieures dans lesquelles il se trouve (fumure). Nous savons aussi que les dispositions individuelles d'un palmier continuent à se manifester et ne sont pas nivellées par les actions sur des conditions extérieures. Le facteur *productivité* doit donc bien être pris en considération dans la détermination des arbres reproducteurs.

b) *La composition centésimale du fruit de la variété dura à Sumatra.*

Nous avons dit plus haut que le pourcentage moyen de pulpe caractérisant la variété dura à Sumatra était de 60 %. Les oscillations autour de cette moyenne sont cependant assez considérables. En déterminant ce pourcentage pour un très grand nombre de régimes de palmiers différents, nous avons pu constater que le pourcentage de pulpe variait entre 45 et 80 %. Ces valeurs extrêmes ne sont que rarement atteintes. Les pourcentages les plus fréquents sont situés entre 58 et 62 %.

Pour que la propriété de donner des fruits à pulpe abondante constituât un facteur dont il fallait tenir compte dans le choix d'arbres reproducteurs, nous devions savoir que ce facteur est réellement propre au palmier considéré. L'expérience vint confirmer cette hypothèse.

La vérification de la constance de cette composition centésimale fut d'ailleurs entreprise par tous les techniciens des plantations qui avaient un besoin immédiat des meilleures semences de palmier possibles pour faire de nouvelles plantations ou des extensions de plantations déjà existantes. Il fallait, dans ce travail, tenir compte de la différence de composition centésimale du fruit d'Elaeis d'après la position que ce fruit occupe sur le régime. La seule façon d'obtenir des résultats valables était, par conséquent, de traiter le régime entier. Nous avons mené personnellement ce travail dans plusieurs plantations de la variété dura à Sumatra. Nous avons constaté que ce n'est qu'exceptionnellement que la variation de pulpe des fruits d'un palmier donné reste inférieur à 5 %, mais qu'il est remarquable que *ces fluctuations sont beaucoup moins marquées pour certains palmiers, et que, pour ces palmiers, les valeurs de pourcentage restent constamment supérieures aux valeurs moyennes de la variété dura.*

Les différences qui se manifestent dans différents régimes d'un même palmier sont le plus souvent imputables à des variations saisonnaires ou à d'autres causes extérieures.

Le tableau ci-dessous montre des fléchissements brusques (soulignés) de pourcentages des pulpes apparaissant dans des séries élevées :

RÉGIMES	POURCENTAGES DE PULPE					
	Palmier S. 52	Palmier S. 66	Palmier T. 45	Palmier T. 56	Palmier T. 2	Palmier T. 20
1	69 %	68 %	69 %	70 %	69 %	74 %
2	59 %	67 %	69 %	64 %	71 %	74 %
3	75 %	70 %	70 %	70 %	60 %	71 %
4	74 %	61 %	71 %	70 %	71 %	75 %
5	69 %	63 %	74 %	73 %	69 %	71 %
6	68 %	68 %	73 %	64 %	69 %	72 %
7	75 %	68 %	75 %	66 %	65 %	65 %
8	70 %	66 %	71 %	72 %	67 %	74 %
9		70 %	68 %	58 %	75 %	73 %
10		71 %	73 %	70 %	75 %	71 %
11		68 %	67 %	71 %	70 %	64 %
12		66 %	75 %	71 %	66 %	73 %
13		66 %	65 %		62 %	75 %
14		74 %	67 %		72 %	
15			68 %		61 %	
16			72 %		64 %	
17			72 %			
18			66 %			
19			69 %			
20			63 %			
21			68 %			
Moyennes	69,8 %	67,5 %	69,7 %	68,2 %	68 %	71,7 %

L'apparition de quelques pourcentages anormalement bas dans une série de pourcentages élevés ne doit pas faire rejeter un palmier comme arbre reproducteur. Les observations doivent porter sur une suite de régimes suffisamment importante pour établir si ces valeurs basses sont accidentels ou s'ils se reproduisent régulièrement. Dans ce dernier cas, l'arbre n'est pas admis dans la catégorie des reproducteurs.

Dans le tableau ci-après, on trouvera un exemple de constance remarquable dans le pourcentage de pulpe de différents régimes de trois arbres mères.

RÉGIMES	POURCENTAGES DE PULPE		
	Palmier T. 42	Palmier T. 116	Palmier T. 40
1...............	68 %	71 %	70 %
2...............	77 %	70 %	74 %
3...............	75 %	70 %	68 %
4...............	79 %	73 %	73 %
5...............	78 %	70 %	76 %
6...............	77 %	70 %	68 %
7...............	75 %	72 %	69 %
8...............	77 %	71 %	69 %
9...............	68 %		71 %
10...............	72 %		68 %
11...............	76 %		69 %
12...............	80 %		72 %
13...............	79 %		70 %
14...............	71 %		
15...............	77 %		
16...............	73 %		
17...............	73 %		
Moyenne	75 %	71 %	70,5 %

Nous n'avons considéré jusqu'à présent que le pourcentage de pulpe, sans parler de la coque et de l'amande. Il va sans dire que nous tenons compte de ces deux facteurs dans notre sélection puisque le fruit le plus intéressant pour l'huilerie industrielle *est celui qui donne le moins de déchet*, c'est-à-dire le minimum de coque.

Nous avons remarqué cependant, que dans l'évaluation de la valeur des fruits de la variété dura à Sumatra, on pouvait pratiquement se contenter de la détermination de pourcentage de pulpe. Lorsqu'on détermine aussi le pourcentage d'amandes et de coques *sur la totalité des fruits d'un régime*, il est frappant de voir dans quelles faibles limites le *pourcentage d'amandes* varie d'un palmier à l'autre. Il oscille entre 7 et 9 % et se maintient le plus souvent près de 8 %. Il résulte naturellement de cette constatation que *pour un régime donné le pourcentage de coque sera d'autant plus faible que le pourcentage de pulpe sera élevé*.

L'exécution pratique des travaux dont nous venons de parler, peut s'effectuer sur tous les palmiers en observation en permettant toutefois d'en utiliser éventuellement les graines pour la reproduction. La détermination du pourcentage de pulpe se fait, en effet, en dépulpant le régime entier. Il n'en est pas de même lorsque l'on détermine les pourcentages de coque et d'amandes. Les noix doivent, dans ce cas, être concassées. On doit du reste avoir recours à des fruits choisis le plus possible égaux à eux-mêmes sur les régimes, et l'on prend dans ce cas des fruits extérieurs normalement constitués.

c) *Le choix des arbres reproducteurs.*

Il est évident que dans la classe des reproducteurs on ne prendra aucun arbre dont la productivité ou la composition des régimes peut être influencée par des conditions extérieures spéciales (voisinage d'habitations par exemple). Il faut que l'individu pris en observation soit vigoureusement développé et se trouve dans les conditions normales de la plantation. Fickendey conseille même de tenir compte de la coloration des pétioles des feuilles. Cette coloration varie, en effet, dans une même plantation du vert foncé au jaune clair. L'apparition de cette dernière couleur serait due à une régression partielle de la chlorophylle et caractériserait ainsi des individus de moindre vigueur. Ce même auteur a remarqué que le mûrissement plus ou moins simultané de tous les fruits d'un régime différait d'un palmier à l'autre. Nous verrons dans le chapitre de la fabrication, que cette particularité a une grande importance pour la marche de l'huilerie. La particularité que signale Fickendey mérite donc d'être prise en considération dans le choix des arbres reproducteurs.

Les observations que nous avons faites, tant sur la productivité du palmier que sur la composition centésimale du fruit, montre que dans la détermination d'arbres choisis pour la reproduction il faut tenir compte de ces deux facteurs simultanément.

Nous estimons pour le moment à Sumatra qu'un palmier peut entrer dans la classe des reproducteurs lorsque, pendant une période d'au moins trois ans il a produit en moyenne 12 régimes par an et que la teneur en pulpe de ses fruits atteigne 66 %.

Les travaux d'observation sont poursuivis continuellement, et il n'est pas douteux que la limite que nous nous sommes imposée pour l'instant se verra rapidement dépassée.

Lorsque dans les plantations on a repéré des arbres répondant aux conditions que nous avons énoncées, on ne peut se contenter de récolter telles quelles les graines pour la reproduction. Ces palmiers, voisinant dans la plantation avec des arbres quelconques, verront leurs fleurs femelles fécondées par du pollen inconnu et souvent indésirable. Pour ce motif nous avons recours à la fécondation artificielle qui est d'ailleurs une opération simple qui se pratique comme suit : Une huitaine de jours avant que les inflorescences femelles des palmiers porte-graines arrivent à épanouissement, on dégage ces inflorescences des tissus qui les entourent et des feuilles qui en gênent l'approche. L'inflorescence est ensuite, entourée d'une toile paraffinée ou d'un enveloppement de papier qui la protège contre le pollen indésirable. Lorsque les fleurs femelles sont épanouies (ce qui se reconnaît à la forte odeur d'anis qu'elles dégagent) l'enveloppement est ouvert. On pulvérise ensuite sur les fleurs femelles du pollen récolté lui-même sur des arbres de la série des reproducteurs. L'enveloppement est refermé ensuite. Il reste encore en place pendant trois à quatre jours, après quoi il est écarté définitivement. Les fleurs femelles sont fécondables pendant trois jours environ et perdent cette propriété dès qu'elles ont acquis une couleur rouge.

Les fécondations artificielles que nous faisons ainsi, peuvent être des fécondations croisées ou des autofécondations Le plus souvent on opère la fécondation croisée mais comme il est possible de conserver (sur de la chaux non éteinte) le pollen de l'Elaeis pendant près de deux mois les autofécondations deviennent souvent possibles. Il suffit à cet effet de conserver le pollen du dernier régime mâle qui apparaît jusqu'à ce que le premier régime de la série femelle soit épanoui.

Les fécondations croisées et même les autofécondations faites, ne constituent que le premier stade d'une sélection proprement dite.

Lorsque ces travaux ont été entrepris aux Indes, on ne visait qu'un seul but : *avoir le plus rapidement les meilleures graines possibles pour les nouvelles plantations en faisant usage du matériel que l'on avait sur place.* Ce point de vue pratique immédiat, n'excluait d'ailleurs pas la sélection botanique puisque par la création de jardins de sélection spéciaux, la descendance de chacun de nos porte-graines était tenue en observation. Des jardins de ce genre ont été créées en plusieurs endroits de Sumatra. Nous verrons, après avoir passé en revue les variétés d'Elaeis d'Afrique, dont plusieurs exemplaires existent à Sumatra, quel rôle celles-ci pourront jouer dans une sélection plus complète.

B) Les variétés importées d'Afrique et la sélection à Sumatra

La difficulté que rencontrèrent les botanistes qui voulurent établir une classification des variétés d'Elaeis d'Afrique fut l'absence de caractères morphologiques bien définis. Les classifications basées sur la couleur ou la forme du fruit ou sur la forme du noyau ne donnèrent aucune satisfaction. Elles furent complétées en y adjoignant comme caractères distinctifs de l'épaisseur de la pulpe et de la coque. Ces deux derniers caractères ne permettaient d'ailleurs pas de délimiter nettement certains groupes. Les palmiers d'Afrique importés à Sumatra comptaient, en effet, des représentants de toute l'échelle d'épaisseur de pulpe et de coques. On rencontrait le plus fréquemment la mince pellicule de pulpe recouvrant le gros noyau a coque de plus de 8 $^{m}/^{m}$ pour arriver, en passant par des pulpes de plus en plus épaisses et des coques de plus en plus minces, au type ultime de la série : le Pisiféra, ne possédant plus de coque du tout. De cette continuité dans les types résulta d'ailleurs l'hypothèse émise par plusieurs auteurs, qu'il n'existait pas des variétés de palmiers à grosse, moyenne et fine coque, mais bien un ensemble de formes sans caractères fixes héréditaires.

Il est certain que les conditions dans lesquelles se trouve l'Elaeis dans les palmeraies africaines, sont peu faites pour permettre de tirer la moindre conclusion en matière d'hérédité de caractères. Depuis que le palmier existe des hybridations sans nombre ont dû avoir lieu.

Par contre, à Sumatra, la constance des caractères du type Deli, nous l'a fait considérer comme une variété d'Elaeis bien déterminée, la variété dura, dans laquelle n'apparaissent jamais des représentants de la variété macrocarya ou ténéra.

Il est possible qu'il existait à l'origine en Afrique une variété à grosse coque et une variété à coque mince, tous les types intermédiaires se manifestant actuellement n'étant que les résultats des mulitples hybridations qui ont eu lieu depuis. L'examen que fit Maas (I. B. 18) des graines de palmier importés d'Afrique à Sumatra l'amena à émettre cette hypothèse. Il se basa sur le fait que certaines de ces importations donnèrent une descendance de plus de 95 % de macrocarya bien déterminés, tandis que la prédominance très nette de ténéra se manifesta dans d'autres cas, les stades intermédiaires étant peu nombreux.

a) *Variété ténéra.*

Nous sera-t-il permis d'arriver par sélection à une variété ténéra constante ? Nous sommes en droit de le croire à Sumatra, en laissant à part si cela est désirable actuellement au point de vue pratique de la fabrication.

Depuis qu'elle s'occupe de la sélection de l'Elaeis, la Station d'essai de l'Avros a rassemblé dans ses jardins de sélection la collection complète de toutes les variétés décrites. Elle a trouvé pour cela du matériel sur place et elle a pu combler les vides par des envois qui lui furent faits par les services compétents des différentes Colonies.

Les Sociétés de plantations qui possèdent un jardin de sélection de la variété ténéra, travaillent de concert avec l'Avros.

Nous avons déjà signalé plus haut que le jardin de sélection que la Société Financière des Caoutchoucs possède à Kwala Krapoh (Sumatra). Ce jardin comporte pour le moment 10 palmiers en pleine production que l'on a seuls laissé subsister des 146 palmiers qui peuplaient une petite palmeraie d'essai de graines importées d'Afrique. Tous les individus qui ne présentaient pas les caractères de la variété ténéra ont été éliminés.

Les palmiers de Kwala Krapoh ont été soumis aux mêmes observations que celles qui ont été décrites pour la variété dura (productivité et composition centésimale du fruit).

Nous donnons dans le tableau ci-dessous la composition centésimale moyenne des fruits de 8 palmiers de Kwala Krapoh en observation depuis plus de cinq années. Le pourcentage de pulpe a été déterminé sur la totalité des fruits des régimes, le pourcentage de coque et d'amandes sur 20 fruits extérieurs seulement.

N° DU PALMIER	POURCENTAGES MOYENS		
	pulpe	amande	coque
Kw. Kr. 38.........	90,2 %	5,0 %	4,8 %
Kw. Kr. 135.........	89,2 %	4,8 %	6,0 %
Kw. Kr. 14.........	86,5 %	6,2 %	7,3 %
Kw. Kr. 72.........	81,6 %	9,6 %	8,8 %
Kw. Kr. 42.........	80,0 %	7,9 %	12,1 %
Kw. Kr. 104.........	78,7 %	13,0 %	9,3 %
Kw. Kr. 125.........	78,7 %	9,2 %	12,1 %
Kw. Kr. 49.........	76,1 %	11,7 %	12,2 %

La valeur exceptionnelle des fruits de ces palmiers apparaît par simple examen des chiffres ci-dessus.

L'hypothèse émise jadis par des agronomes d'Afrique, que les palmiers à coque fine auraient une productivité moindre que ceux à coque épaisse a été contre-prouvée. Elle le fut tout particulièrement pour les palmiers de Kwala Krapoh dont la productivité annuelle moyenne par palmier dépassa 12 régimes d'un poids moyen de 13,5 kilos. Il est remarquable combien les périodes de floraison mâles sont courtes et peu nombreuses à Kwala Krapoh. En 1923, par exemple, les fleurs mâles firent complètement défaut, au point que nous eûmes recours pour faire les fécondations artificielles à du pollen fourni par d'autres estates.

Les fécondations artificielles nous permettent d'ailleurs les combinaisons suivantes :

1° *Les fleurs femelles d'un palmier de Kwala Krapoh sont fécondées par du pollen d'un autre palmier du même jardin* (par exemple, Kw. Kr. 38 par Kw. Kr. 135) ;

2° *Les fleurs femelles d'un palmier de Kwala Krapoh sont fécondées par du pollen de ce même palmier* (autofécondation) ;

3° *Les fleurs femelles d'un des palmiers des Kwala Krapoh sont fécondées par du pollen prélevé sur nos meilleurs palmiers reproducteurs de la variété dura ;*

4° *Les fleurs femelles de nos meilleurs palmiers reproducteurs de la variété dura sont fécondées par du pollen des ténéra de Kwala Krapoh.*

Un personnel spécial est chargé de ces fécondations et de la récolte des régimes. Il est tenu une comptabilité rigoureuse de toutes les fécondations. Une partie des fruits est employée à l'établissement de jardins de sélection, une autre aux nouvelles plantations.

Nous devons nous attendre, quelque soit le pollen employé dans les fécondations, à la manifestation de caractères ancestraux indésirables dans la descendance obtenue. Les palmiers de Kwala Krapoh sont, en effet, originaires d'Afrique, et ils proviennent d'une palmeraie spontanée où la fécondation était abandonnée à la nature.

Dans les plantations on prend la précaution de doubler une ligne sur quatre, de façon à pouvoir éliminer dès que les premiers fruits apparaissent les palmiers aux caractères de macrocaria. Les palmiers se trouvant presque sur place, il est possible de les transplanter jusqu'à la quatrième année.

L'expérience a cependant montré à Sumatra, que la variété qui y peuple communément les plantations, est provisoirement très bonne à exploiter industriellement. Les travaux de sélection et de fécondation croisée peuvent être laissés aux jardins spéciaux, et leurs résultats ne seront appliqués à la grande plantation que lorsqu'ils seront établis d'une façon certaine. Cette époque n'est pas loin d'ailleurs. Les palmiers de deuxième génération en production, existent déjà à Sumatra.

b) *Variété Pisiféra.*

Cette variété caractérisée par l'absence totale de coque peut être intéressante pour les fécondations croisées à Sumatra. Il en existe six exemplaires dans cette île. Cette variété sur laquelle les données de productivité font défaut, n'est pour le moment intéressante que pour la sélection proprement dite.

c) *Elaeis Poissonii ou Elaeis Guinéensis var Diwakkawakka.*

L'une et l'autre de ces dénominations désigne le palmier portant des fruits à graine charnue oléagineuse. Annet a considéré ce palmier comme appartenant à une espèce définie alors que Bucher et Fickendey le considèrent comme une variété d'Elaeis Guinéensis. Les fruits à gaines existent, tout comme les fruits ordinaires, sous des formes à coque épaisse et coques minces. On trouve dans le Poisonii ou Diwakkawakka des macrocarya, des dura et des ténéra.

Annet donne comme composition centésimale du Poisonii à grosse coque :

Gaine	18 %	⎱ total pulpe	44 %
Pulpe	26 %	⎰	
		coque	46,2 %
		amande	9,8 %

Pour le Poissonii à coque mince le même auteur donne comme valeurs extrêmes :

Gaine	} 82,1 % à 75,4 %	
Pulpe		
Coque	8,7 % à 10,6 %	
Amande	9,2 % à 14,0 %	

Le Poissonii à coque fine constitue un type des plus intéressants pour l'exploitation industrielle du Palmier à huile. En combien les caractères en sont-elles constantes? C'est ce que les travaux de sélection entrepris à Sumatra nous diront dans un avenir très rapproché.

CHAPITRE V

LE RENDEMENT DU PALMIER A HUILE

Le rendement du palmier à huile dans les pays où l'on avait entrepris en grand sa culture, a déclanché, il y a quelques années, une réelle polé-.nique entre les protagonistes et les détracteurs de cette culture. Disons-le, avant d'examiner au point de vue critique les assertions des deux camps, il est bien rare de voir une affaire industrielle, comme l'est devenue la culture de l'Elaeis en Malaisie, se contenter pendant plus de quinze ans de discours sur les rendements probables d'une culture sans avoir des renseignements plus exacts.

Si cette culture est entreprise en Orient par des groupes comme la « Société Financière des Caoutchoucs », la « Rubbercultuur Maatschappy Amsterdam ·», la « Handelsvereeniging Amsterdam » et la « Sumatra Caoutchouc Maatschappy », groupes dont l'importance des capitaux, d'une part, et la valeur comme organisme cultural, d'autre part, ne peuvent être mis en doute, il nous semble que c'est déjà là une certaine garantie pour la valeur de cette culture.

Les Sociétés que nous venons de citer s'occupent depuis des années du palmier, aux Indes Néerlandaises surtout. Depuis, des groupes importants, comme Dunlop et Guthrie, sont venus à cette culture en choisissant surtout la Malaisie Anglaise comme champ d'action.

En reprenant par ordre chronologique les prévisions faites sur les rendements du palmier cultivé aux Indes, nous voyons que nous-même avons prévu, dès 1919, la possibilité d'atteindre un rendement de 3.000 kg. d'huile de palme par hectare et par an. En 1922, Dr A. A. L. Rutgers, alors Directeur de la Station d'Essais à Medan, prévoyait les rendements en huile de palme donnés ci-après (I. B. 2) :

4e année	686	kg.
5 à 7 ans	1.372	»
8 à 10 ans	1.544	»
11 à 20 ans	2.040	»
21 à 30 ans	2.040	»
Au-dessus de 30 ans	1.200	»

La crise générale intervenue en 1921-1922 affecta fortement les affaires coloniales et elle fut cause que l'essor prévu pour la culture de l'Elaeis aux Indes subit un retard. Elle fut cause surtout que les études entreprises sur cette culture durent être partiellement suspendues. Le manque d'argent qui caractérisa cette période de crise affecta avant tout une culture relativement nouvelle comme celle de l'Elaeis. L'entretien des palmeraies existantes fut négligé, et la main-d'œuvre, conservée pendant cette période difficile fut avant tout affectée à l'hévéa. Il est évident que nos connaissances en matière de sélection, de fumure de l'Elaeis, de fabrication de l'huile de palme furent retardées par le même fait.

La crise passée, les plantations existantes furent lentes à se relever du choc ressenti. Il fallait réparer ce que deux ans de travail avec des moyens insuffisants avait en grande partie désorganisé. Il fallait reprendre où on les avait laissées les recherches abandonnées en partie. Mais pendant ce temps, le grand champ d'expérience : la plantation avait vu toutes ses conditions changées. Bien entretenues avant la crise, la plupart d'entre elles se virent transformées en vastes champs de lalang.

Ce fut en 1925 que M. Yves Henry, Inspecteur Général de l'Agriculture, de l'Elevage et des Forêts en Indochine, vint aux Indes Néerlandaises pour se rendre compte de la valeur de la culture du palmier à huile. C'est surtout à la suite de sa visite que s'amorça la polémique à laquelle nous faisions allusion au début de ce chapitre. Il tira de son voyage des conclusions qui furent publiées dans le Bulletin économique de l'Indochine (1).

Les conclusions de son voyage furent nettement contre la culture de l'Elaeis à Sumatra. M. Yves Henry fit de la question une étude approfondie. Il vit aux Indes Néerlandaises beaucoup de plantations de palmier de tout âge et dans différents terrains. Il y récolta une moisson de chiffres officiels et reçut aussi ceux que les planteurs de palmiers voulurent bien lui donner.

Financièrement parlant, M. Yves Henry classe « une plantation à rendement moyen à Sumatra comme une affaire moyenne, l'affaire est bonne dans les conditions exceptionnelles de situation et de rendement, médiocre ou mauvaise au-dessous du rendement moyen ».

Comme nous le verrons plus loin, l'erreur principale consistait à ne pas savoir exactement où en étaient les travaux des spécialistes qui, responsables en somme des capitaux engagés dans la culture du palmier, n'hésitaient pas à préconiser sur un très grand pied les extensions nouvelles et les travaux coûteux de mise en état des vieilles plantations.

En 1924, en effet, se manifesta d'une façon très sensible la diminution de production des plantations d'Elaeis existant depuis dix à douze ans. Cette diminution de production, qui ne pouvait laisser insensible le capital engagé était cependant en partie prévue par les planteurs. Il était évident que des plantations, laissées pendant les années de crise dans l'état où la plupart des palmeraies avaient été laissées, devaient réagir, comme elles le firent d'ailleurs, en donnant moins de fruits, donc moins d'huile. Les plantations d'Elaeis eurent en même temps à subir la mauvaise influence de certains procédés culturaux, comme la taille trop intensive, la fécondation artificielle à la main, etc... et des erreurs de début, comme on en fait d'ailleurs toujours dans les cultures nouvelles.

Ce furent surtout les plantations en voie de mise en état qui servirent à l'établissement des conclusions citées ci-dessus. Les plantations nouvelles n'étaient pas encore en production et leurs résultats connus maintenant viennent donner grandement raison à nos prévisions.

---

(1) Yves HENRY. Documents sur le Palmier à Huile à Sumatra. *Bulletin Economique de l'Indochine*, I, 1926, 29e année, N° 176.

Menée comme elle le fut, l'enquête sur le rendement de la culture de l'Elaeis à Sumatra, en 1925, ne pouvait mener à d'autres conclusions que celles que tira M. Yves Henry.

Il était difficile, en effet, de faire partager à quelqu'un, venu de l'extérieur, et peu au courant de la façon de travailler dans les milieux culturaux des Indes Néerlandaises, la confiance dans la culture du palmier à huile. Cette confiance était d'ailleurs entièrement basée sur les premiers résultats acquis et sur des essais en cours. Il est peu dans l'habitude des spécialistes attachés aux grandes firmes de plantation, aux chercheurs des stations d'essai et aux planteurs des Indes Néerlandaises de rendre publics des résultats avant d'en être entièrement sûrs. En 1925, nous savions que la régression de production des anciennes plantations était dûe au manque d'entretien et à l'épuisement du sol et des arbres. Nous savions que le clean-weeding avait été néfaste, qu'une taille trop intensive et une fécondation artificielle avait fatigué nos palmiers. Nous connaissions les éléments qui faisaient défaut à notre sol, et nous savions, chose essentielle, qu'il nous était possible de mettre les anciennes plantations en état, *en garantissant au capital investi une certitude de bénéfices intéressants.* Les remèdes appliqués, c'est-à-dire l'entretien, la fumure, les légumineuses, etc., étaient largement payés par une augmentation rapide de la production. Nous en vîmes qui, en moins de deux ans, furent doublées. L'exemple de la plantation de Semadam, au Tamiang, où la production fut de 930 kg. d'huile par hectare par an en 1926 à 1.650 kg. en 1928.

Le prix de revient de l'huile en fut nécessairement influencé et ce d'autant plus, que le problème de l'emballage et de l'expédition de l'huile de palme venait en même temps de trouver une solution définitive dans l'emploi de wagons-citernes, de bateaux-citernes et tanks de plusieurs centaines de tonnes au port d'embarquement (voir chapitre VII). Le prix de revient de l'huile se voyait avant cette époque grevé par les lourdes charges de l'emballage en tonneaux.

Il y avait, en dehors des travaux qui devaient en quelque sorte sauver les anciennes plantations, ceux qui devaient nous servir à établir les nouvelles. L'expérience nous avait puissamment éduqués au point de vue cultural, mais, là où nous étions en droit d'escompter des résultats certains, c'était dans le choix de nos arbres reproducteurs d'abord, dans la sélection botanique ensuite. Nous avons vu dans cette étude comment furent établies les jeunes plantations d'Orient, nous avons vu que déjà le point de départ : le palmier de Deli était par lui-même bon pour la culture. Nous savons, en plus, que l'esprit de suite nécessaire aux travaux de sélection nous est garanti. Nous pouvions donc affirmer d'une façon certaine que les plantations d'avenir dépasseraient de beaucoup les anciennes.

Nous nous rendons compte aussi que certains procédés d'ouverture et même de plantation durent paraître étranges au visiteur venu du dehors. Nous voulons parler surtout de l'ouverture en lignes dans la savane.

Il convient, avant tout, de détruire ici une opinion erronée : il ne fut jamais question de *méthode de culture* de palmiers en ligne dans le lalang (tranh), mais bien d'une *méthode d'ouverture.* L'idée *d'ouvrir en lignes* prit uniquement naissance pour une raison d'allure d'ouverture. La valeur des terrains de savanes une fois déterminée au point de vue cultural, les palmiers sont mis en place dans des rangées de 2 m. 50 à

3 m. labourées et entièrement débarrassées de racines de lalang. De cette façon, il ne faut labourer, lors de l'établissement de la plantation, que le tiers environ de la surface travaillé habituellement depuis le début.

Il était évident qu'avec une même main-d'œuvre on pouvait, en un temps donné, mettre en terre ainsi trois fois plus de palmiers.

Dans le système employé, le jeune palmier se trouvait dans un sol bien travaillé et sans concurrence aucune. La première année, il ne pouvait nullement avoir à souffrir de la végétation laissée en place dans les interlignes.

Pendant les années suivantes, le lalang et la végétation des interlignes devait être enlevée pour faire systématiquement place à des légumineuses. La plantation devait arriver à la période de rendement entièrement libre de mauvaises herbes et avec un terrain resté nu un minimum de temps.

Les événements nous ont, depuis, donné raison. C'était, en effet, à une époque où il était très intéressant de créer le plus vite possible de grandes plantations de palmier, que le système d'ouverture en lignes fut employé sur une grande échelle à Sumatra. Depuis, plusieurs visiteurs et plusieurs auteurs qui ont écrit sur l'Elaeis à Sumatra, ont vu en réalité des plantations de palmier de trois et quatre ans où les lignes existaient toujours et où le lalang des interlignes, au lieu d'être entièrement éliminé, était soumis à des fauchages réguliers ou à d'autres travaux périodiques destinés à le faire disparaître ou à réduire sa mauvaise influence.

La vérité était dans ce cas, le plus souvent, que la plantation avait été établie d'après le système que nous avons indiqué, mais avec de la main-d'œuvre libre, et que la Société n'avait pas voulu consentir les dépenses nécessaires pour avoir, à temps, sur place, la main-d'œuvre contractuelle nécessaire pour accomplir les travaux d'entretien et de mise en état. C'est ainsi que prit naissance l'idée fausse de *plantation* en lignes.

Le développement initial des jeunes palmiers plantés en lignes était normal tant qu'il n'avait à exploiter que la zone nettoyée mise à leur disposition. Il n'en fut plus de même lorsque, devenu plus grands les racines pénétrèrent dans les interlignes. La croissance des palmiers s'en ressentit.

Seuls dans certains terrains de savanes, particulièrement riches comme il en existe à Sumatra, il est possible d'arriver à une plantation normale en développement et en rendement en maintenant les lignes et en procédant simplement à un fauchage répété (un par mois au moins) du lalang des interlignes. Il ne peut cependant être question, après ce que nous avons appris sur la productivité de l'Elaeis, d'une méthode de culture définitive. Les fauchages répétés produisent une dégénérescence du lalang. L'ombre de la plantation grandissante y aide de son côté. L'élimination définitive du tranh devient dans une telle plantation chose facile. Un binage un peu profond suivi des passages réguliers de l'entretien y suffisent. Le terrain ainsi nettoyé est ensuite recouvert de légumineuses.

La réussite du palmier dans de pareils terrains fut souvent cause du maintien des lignes dans des terres moins riches, où la disparition des interlignes s'imposait et où un enrichissement du sol par l'application de légumineuses était urgent.

Nous avons vu, en somme, tous les facteurs qui devaient coopérer à rendre peu sympathique au *visiteur*, une culture qui semblait cependant avoir réuni les suffrages de plus d'un groupe financier important.

La publication des conclusions de Yves Henry, suscita de vives protestations aux Indes Néerlandaises. M. Ferrand et Luytjes publièrent de leur côté des observations faites sur place (1).

La plupart des organismes qui avaient entrepris la culture du palmier savaient d'ailleurs déjà à cette époque à quoi s'en tenir sur cette culture. Certains de l'avenir, ils ne songèrent même pas à contester des chiffres, qui, s'appliquant à des faits constatés, étaient parfaitement vrais dans le cadre où ils devaient être appliqués.

Mieux que toute discussion, les chiffres que nous citons ci-dessous, établiront d'une façon certaine, les rendements des plantations de Palmier de Sumatra pendant ces dernières années. Les chiffres cités sont ceux que la Chambre de Commerce de Médan a publié officiellement en 1928 (2).

Par le fait que la « Handelsvereeniging Amsterdam » société qui s'occupe intensivement de la culture de l'Elaeis, s'oppose systématiquement à la publication de tout chiffre qui la concerne, les données de la Chambre de Commerce de Médan sont plutôt en *dessous* de la vérité.

En 1927 le rendement *moyen* par hectare des plantations de Palmier à huile fut de *1.218* kilos d'huile de palme contre *1.376* kilos en 1928. Dans le calcul de cette production moyenne sont évidemment comprises les plantations de *tout âge* en production pour le moment, c'est-à-dire que les anciennes plantations, établies avec un matériel quelconque et les plantations jeunes à peine en rendement y sont comptées. La Chambre de Commerce de Médan dit d'ailleurs que si l'Avros avait considéré 2.000 kilos d'huile de palme comme une production moyenne annuelle pour un hectare de plantation adulte, plus d'une plantation, outillée d'une façon moderne, avait déjà dépassé de beaucoup cette production en 1928.

Il convient, en effet, de dire maintenant ce qui a été atteint la où les moyens élaborés furent appliqués.

Si nous prenons trois plantations situées sur un sol très différent, nous voyons que les *moyennes* de production d'huile de palme par hectare pour l'année 1928 fut de 2.300 kilos pour Medang Ara Estate, 1.650 kilos pour Semadam Estate et de 1.200 kilos pour Tanah Gamboes Estate. Cette dernière plantation avait en 1928 quinze cents hectares en production dont plus de mille étaient constitués par des arbres de quatre à six ans.

Le choix de nos reproducteurs et la sélection faite aux Indes Néerlandaises a pu paraître trop commercial peut être dans ses débuts, mais il est indéniable que déjà les résultats s'en affirment. Les nouvelles plantations qui sont entrées en rendement maintenant dépassent de beaucoup leurs sœurs aînées faites en graines quelconques.

Ce n'est actuellement plus du domaine de la supposition que de parler de productions de 2.500 à 3.000 kilos d'huile de palme par hectare. Ces productions ont été atteintes dans les blocs expérimentaux d'abord, dans les plantations ensuite. Les essais ont porté souvent sur des blocs de plus de 30 hectares, où ont été mis au point des méthodes culturales dont l'application ne peut être faite en grand que lorsque l'expérimentateur est certain que les bénéfices payeront avec intérêt l'argent dépensé.

------

(1) M. FERRAND. L'avenir du Palmier à Huile. *Bul. Mat. Gras. de l'Inst. Col. de Marseille*, N° 1-1927.

A. LUYTJES. De stand van de Oliepalmcultuur op de Oestkust van Sumatra en Atjeh (1926). Traduction publiée dans *Bul. Mat. Gras. de l'Inst. Col. de Marseille*. N° 12-1927.

(2) Mededeelingen van de Handelsvereeniging van Medan (1928).

Dans la partie purement agricole, les plantations de Palmier ont profité de l'expérience relativement récente que l'on avait acquise dans les cultures tropicales.

Il est inutile de revenir ici sur l'influence néfaste du clean-weeding. Les premières plantations d'Elaeis eurent, tout comme les plantations d'Hévéa, à souffrir d'une application stricte de la suppression de toute végétation sur le sol planté. Plus encore que les caoutchoutiers, les palmiers plantés dès 1911, virent leurs racines essentiellement traçantes, brûlées partiellement dans un terrain entièrement dénudé.

L'érosion par les eaux de pluies vint enlever ensuite à la terre le peu d'humus que le système d'entretien y avait encore laissé.

Dès la fin de la crise de 1922 nous nous sommes trouvés, en somme, des mieux outillés pour mener à bien une culture tropicale. La couverture par légumineuses évolua depuis pour arriver aujourd'hui à un réel perfectionnement. Elle prit presqu'entièrement la place du clean-weeding, et le planteur, loin d'appauvrir le sol de ses palmeraies ne songe qu'à les enrichir. La terre de ses plantations, constamment couverte, forme pour les racines des palmiers un milieu plus adéquat. L'humidité y est mieux distribuée grâce à l'action régulatrice des plantes de couverture. Ces plantes servent enfin à combattre l'érosion. Dans la culture moderne on arrive même, par la création de diguettes et de fossés d'arrêt, établis rigoureusement d'après les lignes de niveau, à diviser le sol planté en sortes de casiers où le ruissellement de l'eau de précipitation est pratiquement réduite à zéro. Là où elle tombe, la pluie pénètre dans le sol Un système de drainage approprié doit alors soigner pour l'évacuation des eaux en excès. Elles ne quitteront le sol qu'après y avoir abandonnés l'air et les gaz dissous qui rendront assimilables la nourriture de la plante et permettront la vie de toute cette faune microbienne indispensable à toute végétation.

C'est muni de tous ces préceptes, résumés très brièvement, que le planteur de palmier a mené sa culture a être de plus en plus à Sumatra et en Malaisie anglaise le complément de la culture de l'hévéa. Ces deux dernières années, les Sociétés de plantation qui ont vu rapporter plus à un hectare de palmier qu'à un hectare d'hévéa ne sont pas rares.

Le caoutchouc restera toujours, tout en voyant fortement réduites les limites de ses fluctuations, un article plus spéculatif que l'huile de palme. C'est pour ce motif que la culture de l'Elaeis a intéressé à bon escient les organismes financiers qui travaillent aux Indes. Ils savaient d'ailleurs, qu'en créant des palmeraies ils réalisaient des affaires de tout premier ordre.

Nous voulons donner enfin, à l'appui de ce qui précède une décomposition d'un prix de revient *moyen* d'huile de palme à Sumatra. Nous avons choisi avec intention ce prix dans une plantation d'âge et de rendement moyen (1.300 kilos d'huile à l'hectare) parce que des rendements maxima donneraient lieu à des prix de revient plus bas mais moins caractéristiques.

Prix de revient par kilo d'huile de palme en cents de florin

Entretien de la plantation	Récolte	Fabrication	Emballage	Frais généraux	Transport au port d'emb.	Amortissement de la plantat.	Total
—	—	—	—	—	—	—	—
2	2	1,5	0,01	3	5	5	18,51

Dans la plantation dont nous citons l'exemple ci-dessus, tous les pêr-fectionnements de transport et de fabrication que nous exposons plus loin ne sont pas encore appliqués. Le prix de revient de l'huile y est donc encore compressible.

Nous sommes donc déjà loin du prix de revient de l'huile cité en 1925 par M. Yves Henry *(loc. cit.)* où l'huile nue coûtait 26 cents de florin le kilo. L'emballage se faisant encore à cette époque en tonneaux il fallait ajouter encore de ce fait 5 cents par kilo ce qui amenait le prix de revient de l'huile rendue au port d'embarquement à dépasser 30 cents de florin.

Les prix de revient atteints actuellement sont basés sur une extraction d'huile de 26 à 27 % du poids de fruits traités. Certaines huileries atteignent dès maintenant 28 %.

Les perfectionnements apportés aux procédés et au matériel d'usinage marchant parallèlement avec les travaux de sélection qui nous conduiront à des fruits plus riches en huile, nous permettent de considérer dès maintenant des rendements de 30 % comme un taux d'extraction que nous atteindrons dans un avenir proche.

Comme le montrent les chiffres qui précèdent, les plantations des Indes ont dépassé de beaucoup les palmeraies spontanées de l'Afrique Occidentale et même les quelques plantations faites dans ces Colonies. Le pourcentage d'huile extraite y varie de 8 à 18 %. Peut etre devrons nous faire bientôt une exception pour les plantations faites en Afrique avec des graines de palmiers sélectionnés aux Indes Néerlandaises et peut-être aussi pour celles que les Stations d'Essai de la Côte d'Ivoire et du Dahomey auront contribué à créer.

Quoiqu'il en soit les chiffres actuels sont significatifs. Un planteur de palmier en Afrique aurait, du reste, mauvaise grâce en sous-estimant ce que les Indes ont pu réaliser en dix ans de travail. Il suffirait, pour lui répondre, de le comparer avec les résultats atteints en un temps beaucoup plus long en Afrique où cependant l'Elaeis se trouve dans son pays d'origine.

CHAPITRE VI

LA PREPARATION DE L'HUILE DE PALME
ET DES AMANDES DE PALME

Dans l'état où en est de nos jours l'industrie de l'huile de palme, nous devons constater que si les Indes n'atteignent pas encore l'Afrique au point de vue quantité d'huile exportée, elle la dépasse dès maintenant au point de vue qualité.

Le problème de la qualité de l'huile de palme produite n'a cependant pas laissé d'intéresser depuis longtemps les chercheurs en Afrique. Dès 1912, la décomposition des matières grasses du fruit du palmier sous l'action des enzymes, contenus dans le fruit lui-même, était mise en évidence. Des spécialistes des produits tropicaux comme Trevor, Ammann, Teissonnier, Fickendey et Annet virent, depuis des années, la nécessité de stériliser le fruit dès son arrivée à l'usine pour obtenir de l'huile moins acide que celle que produit l'indigène d'Afrique.

Dans les conditions existantes aux Colonies Africaines, la stérilisation était le plus souvent impossible ou trop tardive à cause du transport trop long des fruits. Dans les plantations des Indes, où le transport des fruits fait l'objet d'une organisation que nous verrons en détail, la stérilisation est entrée dans la pratique courante. L'huile produite peut être d'un degré d'acidité variant de 1 degré à plus ou moins de 12 degrés en tout cas) déterminé par le prix de revient que l'on veut obtenir et les primes que le marché paie pour les huiles plus ou moins neutres.

1° *Récolte des régimes et transport à l'usine*

Un facteur agissant sur le degré d'acidité libre de l'huile est le nombre de tours de récolte en un temps donné. Il existe un degré de maturité optimum du régime auquel correspond le minimum d'acidité de l'huile qui provient de ces fruits. La maturation des régimes ayant lieu toute l'année à Sumatra, et sa vitesse étant soumise à des variations saisonnières, il est évident que l'on se rapprochera d'autant plus du degré de maturité optimum des régimes récoltés que les tours de récolte seront plus nombreux. Ceux-ci sont réglés par le prix de revient et par le degré d'acidité que l'on veut obtenir.

Les récolteurs ou coupeurs de régimes se servent de la hâche ou de la matchette avec laquelle ils tranchent la branche dans l'aisselle de laquelle se trouve un régime mûr, ensuite le pédoncule de ce régime lui-même. Lorsque le palmier est bas, le récolteur peut accomplir sa besogne en se tenant par terre. Dès que le palmier atteint de huit à neuf ans, il est obligé, pour atteindre le régime, de grimper le long du tronc de l'arbre. Tant que le palmier possède sa garniture de bases de pétioles, c'est-à-dire pendant une vingtaine d'années, le récolteur de Sumatra s'en sert pour monter le long de l'arbre et ne tient pas à prendre une échelle. Il ne se sert de cet instrument, qu'il fait du reste lui-même en bois très léger, que lorsque le tronc se dénude partiellement ou est trop élevé.

Disons, en passant, que la hauteur des palmiers d'un même âge varie considérablement d'après les individus dans une plantation et que, dans la sélection, il est tenu compte de ce facteur.

Le plus souvent, les récolteurs travaillent à la tâche, rapportant par jour un certain nombre de régimes, qui varie de 80 à 150 par récolteur. Ce nombre de régimes rapportés peut être d'autant plus grand que la distance à parcourir est plus petite, c'est-à-dire plus il y a de régimes mûrs. Cette quantité varie avec les saisons. Les tâches données aux récolteur varient par conséquent en surface, et le nombre de coupeurs chargés de visiter régulièrement une plantation donnée est soumis aux mêmes variations.

Les récolteurs portent eux-mêmes les régimes qu'ils ont coupés le long de la voie Decauville la plus proche. La distance à parcourir par le récolteur ne dépasse en général pas 500 mètres.

Les régimes coupés sont groupés par récolteur et reçus par un chef d'équipe indigène. L'Européen chargé d'une division de plantation ainsi que le Directeur de la plantation exercent, en outre, une surveillance particulière sur la récolte. La réception des régimes doit non seulement guider l'Européen dans la détermination des tâches, mais lui permet de juger du degré de maturité des fruits récoltés et de l'état de fécondation des régimes.

2° *Transport des régimes à l'huilerie*

Le transport à l'usine d'un poids inutile a longtemps fait hésiter les partisans du travail du régime entier. Le régime contient, en effet, de 15 à 20 % d'huile de palme et d'amandes. Le poids mort transporté représente ainsi près de 80 % de la récolte. Par rapport au fruit égrappé, le transport du régime entier signifie une augmentation de près de 50 %.

Les avantages qui en résultent sont tels qu'il ne faut plus hésiter à le généraliser. C'est par lui que la stérilisation, et par conséquent l'huile neutre, est devenue possible.

Il peut se faire que pour des endroits déterminés de la plantation (bas-fonds, bandes étroites et entourées de forêt) ou bien des influences saisonnières (pluies) les régimes récoltés portent une proportion anormale de fruits avortés, ou ont même des extrêmités entièrement pourries. L'Européen peut déjà s'être rendu compte de ces phénomènes dans la plantation même, mais en surveillant la réception des régimes, il pourra repérer ces endroits particuliers ou ces époques de fécondation incomplète, et y faire aider par la fécondation artificielle.

La fécondation artificielle, telle qu'elle était appliquée jadis, c'est-à-dire en fécondant à la main *toutes* les inflorescences femelles qui apparaissaient, a été abandonnée. On a pu remarquer qu'ainsi faite elle donnait, en effet, lieu à une augmentation de production, mais que cette augmentation n'était que temporaire, très probablement parce que la fécondation artificielle exigeait de l'arbre un effort trop grand et trop continu.

Disons dès maintenant qu'il est très possible que l'on trouve, par des fumures appropriées, le moyen de rendre les palmiers aptes à supporter, d'une façon économique, une fécondation artificielle qui permettrait d'élever la production d'huile par hectare.

Dans le cas de circonstances locales, il n'y a, en somme, qu'à apporter une aide à la fécondation naturelle insuffisante. Il est fait usage pour cela de pompes distributrices de pollen dont G. Schaffner, Directeur de la plantation Mopoli à Sumatra, a imaginé un dispositif des plus ingénieux. L'appareil, porté à dos d'homme, consiste en deux soufflets actionnés par le porteur, et qui envoient dans l'air, par un tube dont la longueur varie avec l'âge de la plantation, des nuages de pollen frais. La fécondation des régimes est complétée, et l'Européen dispose ainsi d'un moyen dont il peut faire usage aux endroits voulus.

L'utilisation, comme combustible, de la plus grande partie des déchets par l'usine, atténue d'ailleurs fortement la signification du poids mort.

Le transport des fruits égrappés et non stérilisés à l'huilerie ne se pose plus que pour de petites exploitations et pour les palmeraies spontanées d'Afrique.

Dans le cas d'une usine centrale, destinée à travailler les fruits de plusieurs plantations situées dans les environs, on aura recours à l'égrappage et à la stérilisation sur place. Ceci se présente pour l'huilerie centrale de Soengei Lipoet, située à Sumatra. La proximité des plantations d'Aloer Meranti, Aloer Selawi, Boekit Rata et Semadam permet de recevoir les régimes entiers à l'usine où la stérilisation a lieu. Il n'en est pas de même pour les plantations de Medang Ara et Mopoli situées à plus de 20 km. de l'huilerie. Pour ces deux dernières plantations, des installations de stérilisation et d'égrappage ont été faites au lieu de rassemblement de régimes. Les fruits égrappés et stérilisés sont conduits, soit par chemin de fer, soit par eau, à l'huilerie centrale qui ne travaille ainsi que des fruits stérilisés.

Une disposition similaire a été faite pour l'huilerie centrale de la Assahan Cultuur Maatschappij. Cette huilerie se trouve aux abords du fleuve Assahan en dehors de toute palmeraie. Elle reçoit les fruits de trois plantations de palmier : Aek Loba, Aek Naboentoe et Padang Poelau. Les deux premières plantations peuvent transporter directement les régimes entiers à l'huilerie centrale, tandis que la troisième, se trouvant plus éloignée, égrappe et stérilise sur place et transporte ensuite ses fruits à l'usine. L'huilerie centrale dont nous venons de parler traitera les fruits de près de 6.000 hectares de plantations.

Le transport des régimes nécessite dans la plantation l'installation d'un réseau de voie Decauville. La plus communément employée est la voie de 60 à 70 centimètres d'écartement.

L'importance du réseau à installer dépend évidemment de la conformation du terrain, mais on peut admettre que pour 100 hectares de plantation il faut un kilomètre de voie. Les récolteurs qui ont dans une plantation la charge de couper les régimes et de les transporter à l'évacuation n'auront ainsi pas à parcourir plus de 500 mètres de l'endroit le plus éloigné de leur tâche jusqu'à la voie Decauville.

Le réseau de transport peut être divisé en voies principales et voies secondaires. Sur les premières, faites en rails plus lourds, la traction sera mécanique, tandis que sur les seconds, établies en rails plus légers, les récolteurs peuvent eux-mêmes pousser les wagonnets chargés jusqu'à la voie principale. L'installation du réseau de transport est d'ailleurs une chose essentielle qui doit être étudiée pour chaque plantation.

Les frais d'installation peuvent varier dans de fortes proportions suivant les accidents de terrain. Ceux-ci rendent nécessaires des travaux de terrassement souvent coûteux. Il en est de même pour les ponts et autres travaux d'art. Dans le cas d'un terrain accidenté, parcouru de ravins, il sera souvent plus économique d'avoir recours au transport par voie aérienne (câble transporteur).

La traction par locomotive sur voie Decauville offre plusieurs solutions. En général, deux sortes de locomotives sont en usage : celle à vapeur et celle à huile lourde. La locomotive à vapeur a l'avantage que le combustible existe sur place. Les déchets de l'huilerie (tourteau, coques) peuvent être brûlés, à condition de munir la locomotive d'une grille spéciale. Ces déchets peuvent être comprimés en briquettes pour l'usage.

Les locomotives à huiles lourdes nécessitent l'achat de combustible, mais elles ont l'avantage que pour un poids donné elles peuvent développer plus de force de traction. Leur moteur nécessite plus de soin que la machine à vapeur qui peut être mise plus facilement dans les mains des indigènes.

Le matériel de traction (lorries) employé sur les voies principales dépend du système de stérilisation (vertical ou horizontal) employé à l'huilerie. En principe, leur structure, tout en étant la plus légère possible, pour ne pas réduire le rendement du transport, devra être assez solide pour supporter les manipulations de la stérilisation (voir cette rubrique).

L'arrivée de la ligne principale à l'usine devra être bien dégagée et munie des relais et plateformes tournantes nécessaires pour éviter tout encombrement aux époques des plus fortes récoltes.

3° *La stérilisation*

Cette opération consiste à porter les fruits de palmier à une température telle que les enzymes qui produisent la décomposition des matières grasses en glycérine et acide gras libres, soient tués. Leur action va en augmentant avec la température comme l'a démontré Van Heurn, mais elle est annulée à partir de 70° C.

La stérilisation a lieu avant l'égrappage, c'est-à-dire que le fruit est porté au-dessus de 70° *dans le régime*. Cette cuisson se fait soit à la vapeur directe, soit à la vapeur indirecte, soit encore par les deux combinées. Comme on est en présence d'un matériel éminemment mauvais conducteur (la rafle et l'air occlus), il est plus rapide d'employer la vapeur directe pour porter le plus vite possible les fruits à la température où les enzymes sont tués.

Les deux systèmes de stérilisation actuellement employés sont la stérilisation verticale et la stérilisation horizontale.

a) *Stérilisation verticale*. — Celle-ci a été introduite surtout par la firme « Etna ». L'installation est entièrement faite en hauteur. Les stérilisateurs sont des autoclaves qui peuvent contenir environ 3.000 kilos de régimes. Ils se trouvent à dix mètres de hauteur immédiatement au-dessus des machines à égrapper.

Les régimes sont montés par un transporteur (échelle à godets) qui ramasse automatiquement dans un puits métallique, où ils sont précipités. Les régimes tombent dans un stérilisateur à l'extrémité supérieure du transporteur. La charge s'opère par le dessus, la décharge par le dessous. Les régimes restent soumis environ une heure à l'action de la vapeur à 2,8 atmosphères. Après cette opération tous les fruits sont devenus caduques dans les régimes et sont facilement séparés de la rafle dans les égrappeuses.

Les inconvénients de la stérilisation verticale résident surtout dans l'obligation de décharger les régimes à leur arrivée à l'huilerie, *donc avant stérilisation*, pour les monter aux stérilisateurs. Il y a là une opération de plus que dans la stérilisation horizontale. Le déchargement des régimes, provoquant des contusions de fruits, ne peut que favoriser le développement d'acides gras. Dans la stérilisation verticale la température employée pendant l'opération provoque un tassement des régimes que l'on est obligé d'extraire à l'aide de crochets métalliques.

b) *Stérilisation horizontale.* — Les stérilisateurs sont des autoclaves couchés dans lesquels entrent *entièrement chargés* les wagonnets de récolte. Dans certains cas, les wagonnets pénètrent dans le stérilisateur avec toute leur substructure. Ce sytème offre l'inconvénient de nécessiter un espace plus grand et une dépense plus grande de vapeur. Elle soumet les appareils de roulement à des chauffes répétées et en activent ainsi l'usure.

Dans les systèmes plus nouveaux seuls les superstructures chargées des wagonnets vont à la stérilisation. Celles-ci sont construites en tole perforée ou en métal déployé et épousant le plus possible le profil de l'autoclave, pour en employer un maximum d'espace utile. A l'entrée des stérilisateurs les superstructures chargées sont supportées par des rails suspendus. Les chariots roulants, munis d'autres bacs à chargement peuvent retourner dans la plantation.

La stérilisation se passe dans les mêmes conditions que dans le système vertical.

Dans les deux systèmes la cuisson du fruit par la vapeur directe peut être suivie d'une application de vide dont le but est de produire une plus grande perte d'eau du fruit et aussi de provoquer un détachement plus complet de l'amande de sa coque.

Fickendey a montré, en effet, que la purification de l'huile de palme est plus facile lorsque le fruit soumis à la pressée contient moins d'eau.

Quelque soit le système de stérilisation employé, la pression ne pourra pas dépasser 2,8 atmosphères, sans quoi on risquerait d'altérer l'amande palmiste. Celle-ci jaunit lorsque l'on applique des pressions, donc des températures plus élevées.

La durée d'une opération complète de stérilisation, y compris la charge et la décharge de l'autoclave est d'une heure et demie. Les fruits ne restent en réalité qu'une heure sous la pression indiquée. Ceci est suffisant pour éviter toute acidification ultérieure de l'huile pendant la fabrication.

Les méthodes de stérilisation des fruits par ébullition dans l'eau ou par chauffage direct sont abandonnées ou ne sont plus en usage que dans de petites exploitations.

L'expérience a démontré que la pressée des fruits et surtout la clarification de l'huile est plus facile lorsque le matériel soumis à la pressée est plus sec. Pour enlever le plus possible d'eau aux fruits plusieurs usines appliquent immédiatement après la stérilisation le vide aux auto-claves. Fickendey a étudié spécialement cette question et l'a introduite dans la pratique de l'usine de Poeloe Dadja à Sumatra (1).

4° *Egrappage*

Les fruits de palmier se présentent en régimes. L'égrappage consiste à les séparer de leur support. Quand les fruits sont arrivés à maturité complète, ils tombent spontanément de l'épillet où ils sont enchassés. La maturition n'a pas lieu en même temps pour tout le régime, mais commence par la périphérie. La chute spontanée de quelques fruits extérieurs, montre précisément que le régime est à point pour être cueilli. A l'intérieur les fruits adhérent encore fortement aux épillets, et ce n'est qu'en abandonnant plusieurs jours le régime à un mûrissement ultérieur à la cueillette, que l'on parviendrait à les séparer de la rafle. Encore faudrait-il pour arriver à une séparation complète fendre le régime. C'est ainsi que doivent procéder les exploitations qui font encore l'égrappage à la main. Le nombre en est d'ailleurs très réduit à Sumatra, et ce ne sont plus guère que les petites plantations qui ont recours à ce procédé.

Il est évident que pendant le temps où les régimes restent exposés l'acidité des fruits se développe. Une élévation de températue a lieu par fermentation, et dans les fruits, souvent blessés lors de la récolte l'acidification peut se produire dans de très bonnes conditions.

Dans un travail très intéressant sur la présence des acides gras libres dans l'huile de palme A. C. Barnes (2) montre que ces acides ne se développent que lentement dans les fruits tant que ceux-ci restent dans le régime et qu'ils n'ont pas été contusionnés. Les acides gras se développent au contraire rapidement lorsque les fruits sont éloignés du régime. C'est pour ce motif qu'il faut avoir recours à la stérilisation *avant* l'égrappage.

Tout ceci montre que dans une exploitation moderne il est essentiel que les régimes soient récoltés à bonne maturité. Il n'est plus question, en effet, de maturition par exposition des régimes, car ceux-ci sont traités à l'huilerie dès leur arrivée ou peu de temps après. La stérilisation a raison de l'adhérence des fruits aux régimes, et après la cuisson la séparation a lieu sans aucune difficulté.

Cette séparation se fait dans les égrappeuses qui sont des machines à battre.

Deux firmes ont construit cet appareil en se basant sur des principes différents.

La première, la firme Krupp, a muni son égrappeur, de trois cylindres munis de pointes et tournant en sens inverse les uns des autres. Les régimes stérilisés tombent sur les cylindres et subissent en même temps que l'effet de battage celui des pointes qui dégarnissent les épillets des fruits intérieurs qui y resteraient adhérer. Les fruits, les bractées et les morceaux d'épillets tombent dans un tambour séparateur rotatif muni d'ouvertures de diamètres différents.

(1) Dr. E. Fickendey. *Kolloidzeitschrift XXXIII* (1923).
(2) A. C. Barnes. La présence des acides gras libres dans l'huile de palme. *Bul. Mat. Gras. de l'Inst. Col. de Marseille*, N° 9-1924.

La firme Etna construit une égrappeuse constituée par une tremie où les régimes stérilisés sont soumis à l'action de bras recourbés qui provoquent un battage intensif et ainsi la séparation des rafles et des fruits. L'enlèvement ultérieur des bractés et autres impuretés est fait par ventilateurs, et est d'ailleurs beaucoup moins complet que par le tambour séparateur de Krupp. Le nettoyage plus ou moins parfait a son importance dans la suite de la fabrication, puisque les fruits sortant de l'égrappeuse vont à la presse. La présence d'impuretés réduit par conséquent la capacité de celles-ci.

Les deux machines citées ci-dessus sont alternatives, c'est-à-dire qu'après avoir soumis 5 ou 6 régimes à l'égrappage, les rafles vides doivent être éliminés. L'opération d'égrappage et de décharge ne prend que deux minutes,

Le problème de l'égrappage s'est trouvé résolu grâce à la stérilisation. Tant que les inventeurs se sont attaqués au régime tel qu'il vient de la plantation, ils se sont heurtés à la difficulté de séparer de son support un matériel aussi peu homogène de forme et de maturité et aussi adhérent que le fruit frais. De plus un égrappage ne pouvait aller sans provoquer la blessure des fruits. Avant stérilisation il y avait donc le danger d'acidification que l'on augmentait considérablement par l'opération elle-même.

Nous avons vu qu'il n'en est plus de même après stérilisation. Les fruits sont séparés facilement grâce à la cuisson, et les blessures qu'ils reçoivent pendant l'opération de l'égrappage sont sans importance puisque le matériel traité est stérilisé.

L'évacuation des fruits égrappés et nettoyés vers les presses a lieu soit par wagonnets soit par ruban transporteur ou vis d'Archimède.

Les résidus de l'égrappage : les rafles vides, les bractées, etc., devraient être restitués à la plantation. Toutefois le transport à l'intérieur de la plantation nécessité une main-d'œuvre dont on ne dispose pas toujours. Le plus souvent les résidus de l'égrappage, recueillis dans des wagonnets au sortir des machines sont-ils déversés dans la plantation mais dans les environs immédiats de la voie decauville. Le problème de la restitution se trouve ainsi partiellement résolu.

5° *Extraction de l'huile des fruits*

Quatre systèmes se trouvent en présence :

A) Pressée du fruit entier après malaxage.
B) Centrifugation du fruit entier après malaxage.
C) Pressée de la pulpe du fruit (dépulpage préalable).
D) Extraction par dissolvant.
Nous examinerons successivement chacun de ces systèmes.

A) *Pressée du fruit entier.* — Pour le moment c'est ce système qui a trouvé le plus d'adhérents à Sumatra. C'est d'ailleurs celui qui fut le premier mis au point sur place par les fabricants de machines eux-mêmes au moment où l'industrie de l'huile de palme se développa rapidement.

Au sortir des égrappeuses, les fruits sont conduits par des élévateurs appropriés aux *malaxeurs des presses.* Ces malaxeurs sont des chaudières à doubles parois, d'une capacité de 5 à 6 fois le panier de la presse. Dans la double paroi circule de la vapeur à 2 ou 3 atmosphères. Les fruits sont ainsi portés à plus de 100° et soumis à un brassage provoqué par des bras métalliques légèrement inclinés sur l'horizontale. Ce brassage à chaud détache en partie la pulpe et le noyau des fruits et donne lieu à un magma gras et fibreux où la plupart des cellules contenant la matière grasse sont brisées. C'est ce magma qui sera soumis à la pressée.

Le malaxeur porte une ouverture de décharge réglable par où l'on peut faire tomber dans le panier de la presse une certaine quantité de substance malaxée.

Les presses employées à Sumatra sont du type révolver, munies de deux paniers. Pendant que l'on procède au remplissage d'un panier, l'autre est soumis à la pression. Un simple mouvement de rotation permet d'amener le panier qui a été pressé à l'endroit où il sera vidangé et rempli à nouveau. Les opérations de charge et de vidange se font à l'aide d'un piston hydraulique qui fait varier à volonté la hauteur du fond du panier. Lors du remplissage on sépare par trois ou quatre plaques métalliques le matériel mis dans le panier. Ces plaques permettent une meilleure évacuation de d'huile.

La pressée se fait en deux temps. La première, la basse pression, soumet le magma malaxé à une pression lentement ascendante mais qui ne dépasse pas 60 à 70 kilos par centimètre carré. Le maximum d'huile de palme s'échappe d'ailleurs à cette basse pression. On passe ensuite à la haute pression qui applique de 300 à 350 kilos par centimètre carré. L'huile produite est alors chargée de boue et d'eau. La haute pression qui produit relativement peu d'huile a surtout l'avantage d'exprimer beaucoup d'eau du tourteau ce qui a une grande importance pour les opérations ultérieures.

Lors du malaxage une partie de l'huile de palme est déjà libérée. Près de 7 % du volume total de l'huile s'écoule lors de cette opération. Elle va par les conduites au récipient de collection avec l'huile de basse et de haute pression.

Les paniers de pressée sont constitués par des cylindres métalliques perforés. Ces perforations furent disposées de façon différente et eurent plusieurs dimensions et formes pour arriver actuellement à des perforations coniques ayant 3 $^m/_m$ de diamètre à l'intérieur du cylindre et 5 $^m/_m$ sur la paroi extérieure. L'écoulement de l'huile se fait très régulièrement par ces orifices qui ne s'obstruent pas.

Le rendement de la presse à fruits est naturellement fonction des dimensions du panier de pressée. Deux maisons construisent les presses à révolver en usage dans la plupart des fabriques de Sumatra. Ce sont la maison allemande Krupp et la maison luxembourgeoise Duchscher. La première mit sa presse au point grâce au docteur Fickendey et détacha auprès de lui un ingénieur qui travaillait à Poeloe Radja (Sumatra) sur la plantation même.

La presse Krupp, bien desservie peut traiter 800 kilos de fruits par heure.

La firme Duchscher fit des presses du même modèle mais à panier ayant plus de trois fois les dimensions des presses précédentes. Le remplissage et la pressée sont de ce fait plus longs, mais la capacité de la presse se voit portée à 1.800 kilos de fruits à l'heure.

Les dimensions rendent la manipulation plus difficile, mais il est nécessaire d'avoir pour la pressée, même avec de petites presses un personnel spécialement choisi et que l'on renouvelle après une heure de travail.

Le malaxage rend le remplissage des paniers plus complet. Les interstices se remplissent entièrement, ce qui ne serait pas le cas avec des fruits intacts. Par le fait que les fruits sont maintenus chauds pendant toute l'opération, l'huile de palme plus fluide s'écoule plus facilement.

L'application de la basse et de la haute pression permet d'extraire actuellement à Sumatra jusqu'à 25 % d'huile de palme par rapport au poids de fruits traités.

B) *La Centrifugation.* — Dans cette opération la pressée est remplacée par l'action de la force centrifuge. Le malaxage est fait comme il a été dit plus haut.

Les tambours de la centrifuge sont, d'après la construction, à décharge par le dessus ou par le dessous. Les premiers évacuent le tourteau par enlèvement au palan de tout le panier de centrifugation, les seconds laissent échapper ce tourteau par simple ouverture du fond, ce qui permet un remplissage immédiat du même panier.

A Sumatra le système par centrifuges n'a pas encore trouvé beaucoup d'adeptes. En Malaisie anglaise au contraire cette méthode a trouvé de nombreux partisans.

Au point de vue rendement les deux méthodes se valent mais plusieurs facteurs plaident pour la centrifuge : a) il ne faut pas l'installation coûteuse et difficile des pompes hydrauliques et des accumulateurs de pression nécessaires lorsqu'on se sert de presses ; b) l'huile obtenue par centrifugation est plus pure que celle obtenue par les presses et sa clarification est plus facile.

Plusieurs constructeurs anglais (Greenwood and Batley, Manlove and C°), se sont spécialisés dans la construction de centrifuges à huile de palme.

Jadis un procédé similaire fut employé en France pour l'extraction de l'huile d'olive.

Dans le brevet anglais n° 241.297 le procédé par centrifugation est entièrement décrit. Il fut démontré pratiquement à la British Empire Exhibition à Wembley.

Voir également « Le Palmier à Huile », t. III, Institut Colonial de Marseille.

C) *Pressée de la pulpe du fruit.* (Dépulpage préalable). — Les différents appareils destinés à séparer la pulpe du fruit avant pressée ont donné jusqu'à présent des résultats imparfaits. Les machines à couteaux amovibles ou râpes, dont il a été fait différents types avaient le grand désavantage de subir une usure très rapide des organes de dépulpage qui s'émoussaient sur le noyau très dur du fruit. De plus le rendement était le plus souvent trop petit pour les usines modernes.

Des essais de dépulpage et de pressée du matériel obtenu furent faits à Sumatra. Les résultats obtenus furent quantitativement en dessous de la pressée du fruit entier suivi du dépulpage et d'une deuxième pressée de la pulpe.

D) *Extraction par dissolvant.* — Le fruit entier, tel qu'il vient de la plantation, contient 28 à 30 % d'huile de palme à Sumatra.

La pulpe de ce fruit contient environ 50 % de son poids en huile.

Nous nous trouvons donc ici en présence d'un matériel riche en matières grasses et c'est ce qui explique la difficulté qu'on a rencontré à s'attaquer, avant pressée aucune, à son extraction par dissolvant.

Avec des fruits d'Afrique l'Institut Colonial de Marseille a eu des succès que A. Stieiltjes a exposé dans le *Bulletin des Matières Grasses* n° 3, 1927.

6. *Dépulpage*

Le dépulpage a le plus souvent lieu dans les usines des Indes après l'application d'une première pressée ou d'une centrifugation du fruit entier malaxé.

Dans le cas des presses, le tourteau est formé par les gâteaux comprimés entre deux plateaux métalliques.

Le résidu des presses ou des centrifuges se compose d'un mélange de pulpe fibreuse et de noix contenant encore 5 % d'huile de palme environ du poids initial des fruits traités. Les noix constituent lors de l'extraction de l'huile de palme par les presses ou par les centrifuges une infinité de canaux d'évacuation pour l'huile ou magma malaxé. Leur présence permet une extraction plus facile comme le montre d'ailleurs comparativement la difficulté de la pression après l'éloignement total des noix.

Pour les opérations ultérieures de l'huilerie la pulpe doit être séparée maintenant des noyaux. Cette séparation est relativement simple. Elle a lieu dans des tambours hexagonaux de 1 m. 50 à 2 mètres de diamètre et de 2 m. 50 à 3 mètres de long. Les parois de ces tambours sont garnis de métal déployé qui permet la sortie de la pulpe tout en retenant les noyaux. La pulpe est détachée des noyaux par frottement sur le métal déployé. Elle est recueillie sous les tambours.

Différents perfectionnements ont été apportés à ces appareils. Leur construction première en faisait des machines alternatives, c'est-à-dire qu'il fallait procéder au remplissage de l'appareil et à l'extraction des noyaux après chaque opération de dépulpage. Par un procédé simple d'ouverture une rangée de panneaux d'évacuation des noix dépulpées se faisait d'ailleurs très vite. Le type alternatif chargeait 300 kilos de tourteaux et en assurait le dépulpage (remplissage et vidage compris) en vingt minutes. Par une disposition de plan incliné dont la déclivité est orientable par la simple manipulation d'un levier, la pulpe ou les novaux dépulpés peuvent être dirigés vers les différents départements de l'huilerie.

La Société Financière des Caoutchoucs a construit elle-même des *dépulpeurs continus*. Le tourteau sortant des presses ou des centrifuges est introduit par un ruban transporteur dans le dépulpeur qui est constitué, comme le précédent, par un tambour garni de métal déployé, mais dont les côtés inclinés sur l'horizontale produisent un avancement automatique du tourteau pendant le dépulpage. Pour obtenir un nettoyage suffisant du noyau, ces appareils doivent être nécessairement plus longs que les précédents. Leur longueur totale est de 7 mètres. L'usage y fit apporter différentes modifications. Le métal déployé qui d'abord garnisait le tambour sur toute sa longueur, fut remplacé dans la première travée (sur un mètre environ) par des barres métalliques à section carrée de 12 $^{m}/^{m}$ disposées à 15 $^{m}/^{m}$ les unes des autres dans le sens de l'avancement des fruits. Cette disposition permettait en somme une évacuation plus rapide de la pulpe dès son entrée dans l'appareil et le nettoyage des noyaux s'en trouvait amélioré dans les chambres garnies de métal déployé.

La pratique apprit également que la vitesse de rotation des dépulpeurs continus pouvait être augmentée et portée à 24 tours à la minute mais qu'il fallait obliger la noix, par l'établissement d'un système de chicanes à rester plus longtemps en contact avec les parois dépulpantes.

Etant donné l'encombrement plus grand et le rendement du système continu il n'a pas remplacé dans toutes les usines le système alternatif. Equipé comme nous venons de le dire, un dépulpeur continu peut suffire pour traiter le tourteau provenant de deux presses à fruits Krupp, c'est-à-dire qu'il peut traiter de 1.000 à 1.200 kilos par heure.

On a remarqué que le dépulpage se faisait d'autant plus vite et d'autant mieux que le tourteau traité était plus sec. Au sortir de la presse à fruits, ce tourteau a déjà perdu une grande partie de son eau, qui a été évacuée avec huile, surtout pendant la pressée à haute pression. Il contient néanmoins encore une assez grande quantité d'humidité qu'il y a avantage à éliminer, surtout qu'il est nécessaire, comme nous le verrons plus tard, de soumettre la pulpe elle-même à une exsiccation préalable si on veut lui faire subir une pressée. De plus les noyaux, qui dans une usine moderne doivent être concassés immédiatement, contiennent également une humidité qui est préjudiciable à cette opération. Il y a donc ici avantage à tous points de vue à procéder à l'élimination de l'humidité dès la sortie de la presse à fruits.

Krupp construisit un dépulpeur fermé où toute l'opération de dépulpage se passait dans un courant d'air chaud insufflé dans l'appareil par un ventilateur.

Certaines usines essayent actuellement les séchoirs employés pour l'exsiccation des laines. Le tourteau sortant des presses ou des centrifuges est distribué sur des claies métalliques qui parcourent, dans une atmosphère chauffée à une température donnée un chemin dont la durée est réglable par la vitesse de translation des claies métalliques. Nous ne connaissons pas encore les résultats pratiques de cette exsiccation, mais il est probable que le mouvement de translation dans une atmosphère chaude ne produira pas un déssèchement suffisant de la pulpe qui, étant très mauvaise conductrice de la chaleur, demande à être continuellement brassée. De même les noyaux se laissent mieux concasser (sans brisure de la noix, lorsque leur exsiccation est accompagnée d'un choc répété.

La Rubber Cultuur Maatschappy « Amsterdam » a pris un brevet publié en 1929 pour effectuer en une opération le dépulpage, le séchage de la pulpe et le séchage des amandes. Le tourteau produit par les presses à fruits ou par les centrifuges est traité par un courant d'air chaud ou par les gaz de la chaudière dans un tambour tournant. Le dépulpage par courant d'air chaud se fait très bien et la pulpe sèche produite est apte à être traitée immédiatement aux presses ou aux expellers. Les noyaux peuvent être concassés immédiatement. Cette opération nouvelle est surtout de bon rendement lorsque la stérilisation est déjà accompagnée d'une exsiccation des fruits par le système que nous avons indiqué.

L'application de cette méthode simplifie l'huilerie par le fait qu'elle fait disparaître les dépulpeurs et l'exsiccateur à tourteaux qui sont des machines à grand encombrement.

7° *Pressée de la pulpe* (deuxième pressée)

Nous avons vu que, tel qu'il sort des presses à fruits, le tourteau contient encore environ 4 à 5 % de l'huile de palme initiale par rapport au poids du fruit. Débarrassé de son eau par un procédé quelconque et des noyaux par le dépulpage, la pulpe constitue un matériel contenant de 18 à 22 % de son poids en huile.

Il existe plusieurs systèmes pour extraire l'huile de pulpe. Celui qui est, pour le moment le plus employé à Sumatra est le procédé par pression.

Les presses hydrauliques employées dans cette opération permettent d'atteindre des pressions de 350 à 400 kilos. La firme Krupp en construit qui sont spécialement adaptées au traitement de cette pulpe. Ce sont des machines très volumineuses, qui comportent essentiellement un malaxeur qui diffère de celui des presses à fruits en ce que la contenance est supérieure. Les parois en sont aussi moins hautes, le but étant surtout de réchauffer et de faire perdre de l'humidité à la pulpe. Le malaxeur est à double paroi et chauffé par un courant de vapeur à 3 atmosphères. Un système de bras rotatifs assure le brassage continu de la pulpe.

La pressée de la pulpe se fait à une allure beaucoup plus lente que celle des fruits. Les presses à pulpe ne sont pas du type révolver, mais comportent une presse de remplissage pour 2 ou 3 paniers de pressée réelle. Ces paniers ont 1 m. 150 de haut et un diamètre de 45 centimètres. Leur remplissage a lieu sous la presse préliminaire qui se trouve immédiatement en dessous du malaxeur-réchauffeur. Celui-ci est muni à sa base d'une ouverture réglable qui permet la sortie d'une certaine quantité de pulpe à chaque révolution des bras. Cette pulpe introduite dans le panier de pressée, est séparée d'une quantité suivante par une plaque métallique et on procède ainsi à un premier remplissage. Une compression préliminaire réduit une première fois le volume de la charge qui est répétée ensuite une deuxième voire même une troisième fois.

Le panier rempli est extrait de sous la presse préliminaire et placé sous la presse définitive à l'aide d'un système de chariot sur rails. La pressée de la pulpe dure environ vingt minutes par charge, et la pression de 400 atmosphères ne doit être atteinte que lentement. La vitesse à laquelle cette pression finale peut être obtenue et le temps pendant lequel elle peut être maintenue dépend de l'état de siccité de la pulpe traitée. Si l'on soumet aux presses une pulpe provenant sans desséchement aucun du dépulpage des tourteaux des presses ou des centrifuges, il est impossible de faire monter la pression des presses à pulpe sans que celle-ci se mette à fuir et donne lieu à une huile très souillée et difficile à clarifier. Si, au contraire, la pulpe est séchée, elle se laisse bien presser et donne une huile presque claire. Cet avantage justifie à lui seul l'emploi du séchoir à tourteaux dont nous avons parlé au sujet du dépulpage.

Une presse préliminaire bien desservie peut suffire au remplissage continu de trois paniers de presse. La grosseur des gâteaux après une pressée de 350 à 400 atmosphères pendant vingt minutes est de 2,5 à 3 centimètres, une plaque métallique séparant les gâteaux.

A chaque remplissage complet 200 kilos de pulpe peuvent être introduits dans les paniers ce qui porte la capacité d'une batterie de 1 presse de remplissage et de deux presses définitives à 600 kilos de pulpe par heure. Comme la pressée de la pulpe sèche donne environ 2 % de l'huile de palme contenue dans le fruit la batterie de presses donne de 40 à 50 kilos d'huile de palme à l'heure.

La question se pose évidemment : vaut-il la peine d'installer le matériel considérable et coûteux des presses à pulpe pour obtenir cette faible quantité d'huile ? La réponse est affirmative étant donnée l'usure peu rapide de ces presses et par conséquent l'amortissement relativement lent qu'on peut leur appliquer.

Toutefois les constructeurs ont-ils cherché eux-mêmes des appareils moins volumineux et moins coûteux que les presses pour traiter les pulpes.

Il« y sont arrivés part:ellement en adaptant spécialement l'Anderson Expeller à cet usage. Tel qu'il est conçu actuellement le rendement de l'expeller n'est que de 100 à 150 kilos de pulpe sèche à l'heure. Ceci est encore en dessous du rendement d'un panier de presse. Le pourcentage d'extraction de l'expeller est environ le même que celui des presses. Le tourteau restant contient dans les deux cas de 9 à 11 % de son poids en huile de palme.

L'appareil est susceptible de perfectionnement et il est appelé à remplacer dans certains cas l'installation des presses. Il est tout ind:qué pour les huileries qui employent les centrifuges et qui ne disposent pas, de ce fait, de la pression hydraulique.

8) *Extraction de la pulpe par dissolvant*

Ce procédé, dont la difficulté d'application aux fruits du palmier réside dans la grande quantité de matière grasse à extraire, devient très possible lorsqu'il s'agit de traiter les pulpes qui ont déjà été traitées aux presses à fruits et qui ont perdu dans cette première opération la quantité la plus importante de leur huile de palme.

Jusque tout récemment, peu d'usines aux Indes étaient disposées à introduire l'extraction par dissolvant dans la pratique de l'huilerie. Ce n'est qu'en 1928 que des usines importantes de Sumatra installèrent, après essais sur une petite échelle, l'extraction chimique.

Le plus grand rendement de l'extraction par dissolvant par rapport aux presses, et aux expellers est cependant connu, mais différents inconvénients, dont le dissolvant, son inflammabil:té et les difficultés de sa récupération dans les climats tropicaux vinrent retarder l'introduction de cette méthode. Les appareils spécialement faits pour les tropiques sont actuellement bien au point et leur introduction dans les huiler:es des Indes ne se fera pas attendre. Le pourcentage total d'huile de palme s'en verra favorablement influencé.

Une installation d'extraction par dissolvant comprend essentiellement les extracteurs, les distillateurs et les condenseurs. Chacun de ces appareils a subi des adaptations spéciales à l'extraction de la pulpe de palm:er. Les constructeurs se sont appliqués à rendre plus parfaite l'action du dissolvant en pratiquant une trituration de la pulpe dans les extracteurs. Ceux-ci sont dans ce but rendu mobiles autour de leur axe ou bien un axe mobile, muni de bras brasse la masse à extraire.

La consistance fibreuse de la pulpe rend ce mouvement difficile. On a remarqué dans la pratique, que la présence des noyaux, facilitait remarquablement cette opération. La capacité des extracteurs à pulpe s'en trouve évidemment réduite, ce qui est un inconvénient. D'un autre côté le traitement du tourteau muni des noix, assure une extraction complète de toute l'huile de palme. Ceci n'est jamais le cas lorsque l'on traite de la pulpe seulement, puisque, même le meilleur dépulpage laisse toujours adhérer à la noix une petite partie de pulpe oléagineuse (plumet du noyau). Le dépulpage des noyaux traités en même temps que la pulpe dans les extracteurs est particulièrement facile, et la propreté des noyaux et leur aptitude au concassage est remarquable.

Le choix du dissolvant est, pour un pays donné, une chose capitale. Il doit répondre à certains désiderata d'ordre chimique et physique.

Les substances employées comme dissolvants de matières grasses sont nombreuses, leurs constante varient fortement comme le montre le tableau ci-après que nous empruntons à Blommendaal (1).

Dissolvants inflammables :

Dissolvant	Poids spéc.	Point de solidif.	Point d'ébull.	Chaleur spécifique	Chaleur de vaporisation
Benzine	0,66 à 0,75	—94° à —32°	70° à 173°	0,50 à 0,51 cal.	61 à 80 cal.
Benzol	0,88	6°	80°	0,45 cal.	128 cal.
Sulfate de Carbone..	1,25	—112°	46°	0,24 cal.	87 cal.
Alcool	0,79	—114°	78°	0,65 cal	265 cal.
Ether	0,71	—117°	35°	0,52 cal.	90 cal.
Acétone	0,79	— 94°	56°	0,53 cal.	125 cal.

Dissolvants non inflammables :

Dissolvant	Poids spéc.	Point de solidif.	Point d'ébull.	Chaleur spécifique	Chaleur de vaporisation
Chloroforme	1,48	— 63°	61°	0,23 cal.	75 cal.
Tetrachlorure de Carbone	1,59	— 24°	78°	0,20 cal.	6? cal.
Trichlorure d'éthylène	1,47	— 78°	87°	0,23 cal.	56 cal.
Bichlo-éthylène	1,24	— 50°	48°	0,27 cal.	75 cal.

Le point de solidification a une importance moindre dans les pays tropicaux, mais le point d'ébullition en a une d'autant plus grande. Après l'extraction on obtient, en effet, de l'huile dissoute dans le solvant, et l'opération consiste à obtenir d'un côté l'huile et de récupérer le plus complétement le dissolvant de l'autre côté. Cette séparation se fait par distillation. Il va donc de soi que le dissolvant se laissera d'autant plus facilement séparer de l'huile qu'il tient en solution, que son point d'ébullition propre se trouvera plus éloigné de celui de l'huile. Pour les dissolvants qui sont constitués eux-mêmes par des fractions de distillation (benzine de pétrole) il y aura avantage, pour obtenir une séparation facile que les limites de distillation du dissolvant se trouvent le plus rapprochés possible.

Ce qui doit guider le fabricant d'huile de palme c'est de voir si avec toutes les données qu'il possède sur les dissolvants et sur le matériel d'extraction, le traitement de la pulpe sera plus économique que par les procédés de pression existants.

C'est dans cette évaluation que les planteurs des Indes se sont montrés, à notre avis, trop timides. Il fallait évidemment tenir compte de nombreux facteurs, dans lequel celui du danger d'incendie n'était pas le moindre. Les dissolvants non inflammables, aptes à l'extraction de l'huile de palme, ne font certes pas défaut, mais leur prix, rendu sur place est le plus souvent trop élevé. Il existe par contre en Malaisie hollandaise et anglaise, un très bon dissolvant, mais éminemment inflammable : la benzine. Il est logique que dans des pays producteurs de pétrole, on s'adresse à un de ses dérivés. La fraction de la benzine distillant entre 85° et 105° est actuellement employée comme dissolvant. La benzine, destinée à l'extraction de l'huile, est fournie aux industriels franco de droits d'accise. Pour les Indes Néerlandaises la suppression de ces droits signifie une économie de 6 cents de florin par kilo de dissolvant.

Dans la pratique on a pu se rendre compte que l'on avait exagéré les dangers d'incendie. Les précautions, imposées d'ailleurs par le Service

---

(1) IR. H.-N. BLOMMENDAAL. De fabricage van Palmolie. Mededeelingen van het Algemeen Proefstation der Avros. *Algemeene Serie*, N° 33.

gouvernemental des usines aux Indes et le contrôle permanent qu'il est possible d'exercer sur les installations les ont réduites au minimum, et les accidents ne se sont pas encore produits dans les usines existantes.

Dans les huiléries qui traitent leurs pulpes par extraction après pressée ou centrifugation, l'installation d'extraction se trouve isolée de la première. La technique de toutes les opérations qui constituent une extraction complète est d'ailleurs étudiée spécialement pour le tourteau ou la pulpe de palmier à huile. Blommendaal a publié les résultats de ses essais faits avec un matériel d'extraction qui n'atteint pas en perfection celui employé actuellement par les huileries.

Déjà avec ce matériel, Blommendaal arrivait à un maximum de 2 % de perte de dissolvant, exprimé par rapport au poids du matériel traité. Cette perte de dissolvant, qui est pour l'industriel le facteur le plus important, peut être réduite par une installation adéquate de la réfrigération dans les condenseurs. L'eau envoyée dans les réfrigérants doit être soumise à un refroidissement préalable dans une installation d'extraction tropicale moderne. La perte de dissolvant est proportionnelle au poids de matériel traité. Nous avons signalé plus haut l'avantage qu'il y avait à traiter dans les extracteurs le tourteau complet avec les noyaux. Nous pouvons remarquer à ce sujet que la présence des noyaux, lors de l'extraction, n'influence que très peu la perte de dissolvant et que leur présence, rendant la masse extraite plus perméable, permet un écoulement plus rapide et plus parfait du dissolvant. La question revient donc surtout à la capacité des extracteurs, c'est-à-dire à un nombre plus ou moins grand de machines.

Au point de vue qualité, l'huile extraite par dissolvant a eu longtemps la réputation d'être inférieure à l'huile de pression. L'huile produite se laissait moins complètement blanchir que l'huile de pression parce que l'extraction enlevait au fruit des substances étrangères. Actuellement on obtient par extraction de l'huile qui se laisse parfaitement blanchir et qui ne diffère plus en rien de l'huile obtenue par pression. Les dernières traces de dissolvant sont chassées de l'huile par un courant de vapeur de sorte que la question de désodorisation est résolu également.

Le problème de l'extraction se présente sous un jour très favorable pour l'huilerie de palme et il est étonnant que ce procédé soit d'introduction en somme relativement récente. Les planteurs de palmier des Indes visent un maximum du pourcentage d'huile de palme extraite. L'extraction met à leur disposition un système dont le rendement sera toujours supérieur à ceux obtenus par pressée. Les difficultés techniques, en grande partie résolus maintenant, les avaient retenus. L'examen du côté économique leur montrera que souvent ils ont intérêt à remplacer par l'extraction au solvant les procédés employés jusqu'à présent. Les surfaces des plantations de palmer aux Indes étant les plus importantes (dépassant souvent 3.000 hectares exploitées pour une huilerie), l'intérêt de l'extraction s'en voit augmentée. Nous ne croyons pas faire erreur en prévoyant dans un avenir proche la généralisation de cette méthode dans les grandes huileries de l'Orient.

9° *Clarification*

Avant l'application de l'ensemble de procédés qui permettent actuellement de faire de l'huile de palme plus ou moins neutre, le degré d'acidité et partant la qualité de l'huile variait pendant la fabrication. L'huile de première pressée, ou *l'huile de fruits* était supérieure à l'huile de deuxième pressée ou *huile de pulpe*. Ces deux huiles étaient emballées séparément.

Depuis que l'on stérilise les fruits au début de la fabrication, la qualité de l'huile est la même pendant les différentes opérations et les huiles de différentes pressées sont d'ailleurs mélangées pour l'expédition en bateaux-tanks.

L'huile qui sort des différents appareils de pression ou de centrifugation de l'huilerie est amenée par des conduites appropriées dans un réservoir collecteur d'où nous la verrons partir plus tard pour les appareils de clarification et de purification. Le réservoir collecteur se trouve suffisamment sous le niveau des presses pour que l'huile produite s'y rende par gravité.

Nous avons vu plusieurs usines à Sumutra où l'huile produite par les presses s'acheminait vers le tank collecteur par des tuyaux de 15 cm. de diamètre entièrement dissimulés dans le plancher de l'huilerie. Ces larges tuyaux sont munis, près des presses, d'une prise de vapeur sous pression, qui permet de les nettoyer régulièrement et de faciliter l'évacuation de l'huile impure sortant des apapreils producteurs. Ce système permet la suppression des rigoles métalliques ouvertes dans lesquelles circule l'huile produite et permet de faire d'une huilerie une usine parfaitement propre.

Le passage de l'huile impure dans les clarificateurs peut se réaliser de différentes façons. Souvent le réservoir collecteur qui peut être chauffé par un courant de vapeur directe permet de faire une première séparation des impuretés par décantation. L'huile décantée est alors pompée dans les clarificateurs. Chaque huilerie avait en somme son système de transport d'huile et de purification le plus adapté à la disposition de ces locaux et de ses appareils.

Il n'en est plus ainsi dans les huileries nouvelles. Le système à la fois le plus simple et le plus expéditif, qui est maintenant d'une application courante, est celui du monte-jus à vapeur. Celui-ci consiste à faire du réservoir de collection de l'huilerie un tank d'où une surpression de vapeur, produite au dessus de l'huile non purifiée la chassera par des tuyaux dans les clarificateurs. Les pompes se trouvent par ce fait entièrement supprimées.

L'huile produite dans l'huilerie et transportée par le monte-jus, contient des impuretés, constituées surtout par des fibres, des parois cellulaires et de l'eau dont le pourcentage varie d'après le système employé (presses ou centrifuges). L'huile non clarifiée contient environ de 25 à 40 % d'impuretés. Le système le plus généralement employé pour séparer l'huile de ses impuretés est la clarification par la vapeur. Etant donné que l'huile est plus légère que les impuretés qu'elle contient, celle-ci, rendue plus fluide et moins visqueuse par la chaleur vient surnager dans les clarificateurs. Ces appareils sont le plus souvent des cylindres de 3 à 4 mètres de haut terminés à leur base par une poche conique dans laquelle se trouve un serpentin à vapeur indirecte. Dans le clarificateur se trouve également un ajutage permettant l'introduction de vapeur directe. La clarification de l'huile se fait généralement avec addition d'eau (1/3 ou 1/2 volume d'eau). L'introduction de vapeur directe permet de brasser vigoureusement la masse, tandis que le serpentin de vapeur indirecte porte la température à près de 100° C. Après un brassage (1/2 heure par clarificateur) on continue le chauffage par vapeur indirecte et le mélange, chauffé est laissé au repos. L'huile surnage, les impuretés vont au fond. Par un jeu de robinets ou par un tuyau coudé mobile il est, après plusieurs

heures de repos, possible de séparer les deux couches. La zone de sépá-
ration, qui contient toujours un peu d'impuretés et un peu d'huile est
renvoyée dans un clarificateur.

L'huile ainsi traités contient encore près de 1 % d'eau et plus de
0,5 % d'impuretés. Nous verrons plus loin que ces pourcentages sont supé-
rieurs à ceux permis pour une bonne huile et qu'ils sont en outre cause
d'une altération du produit pendant le transport. Les usines, désireuses
de fournir une huile pure et ne s'altérant pas, ont installé différents systèmes. Certaines d'entre elles appliquent même une combinaison des systèmes que nous décrivons.

Une façon d'arriver à une purification plus complète de l'huile par
clarification est de faire cette opération en deux temps comme plusieurs
huileries de Sumatra le pratiquent d'ailleurs avec succès. La première
clarification est faite comme nous l'avons décrite mais plus rapidement
cependant. Les premiers clarificateurs qui contiennent environ 3 mètres
cubes sont reliés par des tuyaux à un deuxième clarificateur d'une capacité
de 10 à 12 mètres cubes, tank à grand diamètre et moins élevé que les
premiers cylindres de clarification. Ce tank, grâce à une tuyauterie de
vapeur indirecte peut être rapidement chauffé et l'huile y est portée à
110° C. Le grand diamètre et la faible hauteur du tank ainsi que la température de 110° permet à une grande partie de l'eau à s'évaporer et à des
impuretés à se déposer. Au sortir de cette deuxième clarification l'huile
contient de 0,1 à 0,2 % d'eau et de 0,2 à 0,4 % d'impuretés.

D'après la disposition de l'usine l'huile peut passer des premiers dans
le deuxième clarificateur par gravité ou par syphonnage provoqué simplement en faisant monter le niveau de l'huile dans les premiers clarificateurs
par addition lente, et par en dessous, d'eau froide. La jonction entre les
clarificateurs est faite par une tuyauterie permanente.

La plupart des usines estiment que l'huile peut être livrée à la consommation dans l'état de pureté cité plus haut, et qui nous reporte déjà
très loin des huiles, même purifiées d'Afrique.

L'expérience a cependant montré que la conservation d'une huile est
en rapport avec son état de pureté. Nous avons ainsi suivi plusieurs échan-
tillons d'huile et nous avons pu remarquer que dans une huile contenant
1,2 % d'impuretés et 0,6 % d'eau le degré d'acidité passait de 4 à 5,5 en
trois mois pour atteindre 7 après un an, alors que dans une huile pratiquement pure (impuretés 0,2 %, eau néant) le degré d'acidité augmentait
à peine de quelques dixièmes pendant la période correspondante.

Des industriels ont eu ainsi des déboires au début de l'expédition de
l'huile en bateaux citernes. Les huiles, venant, en effet, de plantations plus
ou moins bien outillées, étaient mélangées lors de l'expédition. La clarification de l'huile faite incomplètement dans certains cas donnait lieu à
une huile, quittant le port d'embarquement avec une acidité qui se développait pendant le voyage et qui dépassait les termes du contrat de vente
au port d'arrivée.

Ces inconvénients furent tous éliminés par une purification plus complète de l'huile et c'est ainsi que des industriels, non contents du degré
de pureté que la clarification peut leur donner, font passer l'huile de
palme, avant le départ de l'usine, dans des filtres presses ou dans des
séparateurs centrifuges. Certains d'entre eux combinent les méthodes de
purification et font passer l'huile de deuxième clarification dans une
centrifuge qui la débarrasse pratiquement des derniers dixièmes de

pourcent d'eau ou bien, après une clarification l'huile passe aux filtres presses.

Ces différentes méthodes qui conduisent à une huile pratiquement pure, sont toutes bonnes et uniquement différenciées par les questions de coût et de rendement.

Le but que l'on s'était proposé : remplacer la clarification à la vapeur par une centrifugation, pour enlever à l'huile ses boues et son eau, n'a pas donné de résultats. Il est, en effet, très compréhensible, que le traitement, dans une centrifuge, d'une substance contenant jusqu'à 40 % d'impuretés, devait occasionner rapidement un encrassement de la centrifuge. Il en résultait l'obligation de nettoyer rapidement les parties séparatrices de la machine d'où une réduction du rendement.

Les constructeurs de centrifuges à lait, Melotte, firent un appareil qui aurait dû purifier l'huile de palme par une centrifugation faite en deux temps. L'huile chargée d'impuretés devait passer d'abord dans une déboueuse, centrifuge à tambour de 45 centimètres de diamètre tournant à une vitesse modérée de 800 tours-minute. Débarrassée du gros des impuretés, l'huile passait ensuite dans le séparateur proprement dit, tournant, à plus de 4.000 tours-minute, et y était débarrassée des dernières traces d'humidité et d'impuretés mécaniques. L'huile telle qu'elle sortait des presses ne pouvait être traitée dans la déboueuse dont le rendement était beaucoup trop petite et le travail d'ailleurs imparfait. Une clarification préalable par température reste nécessaire et peut-être rendue plus rapide si le fabricant d'huile se propose l'emploi de centrifuges.

La centrifuge Melotte peut traiter 1.000 à 1.200 kilos d'huile à l'heure et fournir un produit pratiquement exempt d'impuretés et ne contenant pas plus de 0,2 % d'eau.

D'autres types de centrifuges, différents surtout par le système de séparation, existent. Leur rendement varie de 500 à 1.000 kilos d'huile à l'heure. Toutes sont munies de corps tournants avec des réserves ce qui permet le nettoyage des parties utiles de la machine pendant qu'elle est en service.

L'Avros a aussi expérimenté, avec succès, la supercentrifuge de Sharples. L'appareil essayé tournait à 16.000 tours-minute et donnait toute satisfaction au sujet de la pureté de l'huile traitée. Le rendement n'était cependant que de 250 kilos d'huile par heure ce qui n'est pas suffisant pour une usine un peu importante.

Les usines qui font usage de filtres-presses peuvent enlever par ces appareils toutes les impuretés mécaniques à l'huile sans cependant en enlever toute l'eau. Etant donné que les impuretés mécaniques agissent plus sur la conservation de l'huile que l'humidité, il est essentiel d'éliminer celles-ci. Les filtres-presses employées doivent être garnies de circulation de vapeur qui permet de les chauffer. Leur inconvénient est le nettoyage des toiles à filtres qui peut être diminué en n'admettant dans les filtres-presses que des huiles convenablement clarifiées par décantation.

Désireuses enfin de fournir une huile réunissant toutes les conditions d'une pureté parfaite, certaines huileries de Sumatra font encore passer au séparateur centrifuge, l'huile déjà nettoyée dans les filtres-presses. Il s'agit surtout d'usines qui livrent de l'huile de palme comestibles titrant de 1 à 2 degrés d'acides gras libres.

Récupération de l'huile dans les boues de clarification. — Il est impossible de séparer complètement par une seule décantation à chaud *toute* l'huile mélangée aux boues produites lors du traitement des fruits ou de la pulpe. Ces boues retiennent encore après une clarification de 0,8 à 1 % d'huile de palme. C'est pour ce motif que tous les résidus de clarification (eau et boues réunies) sont rassemblées dans un clarificateur spécial où ils sont soumis à l'action de la chaleur et abandonnés à une décantation lente. L'huile retenue par les boues vient surnager après plusieurs heures de repos.

10° *Emballage et expédition de l'huile de palme*

Le problème de l'emballage et de l'expédition de l'huile de palme est actuellement entièrement solutionné à Sumatra. Nous citerons les anciens modes d'emballage et leur coût à titre comparatifs.

Les plantations de palmier à huile sont toutes situées à Sumatra soit sur un cours d'eau navigable, soit sur un chemin de public, soit sur une route. D'après la situation de l'estate l'un des modes de transport décrits ci-après est adopté pour l'huile de palme produite.

La plantation se trouvant sur un cours d'eau navigable, l'huile de palme pure est envoyée dans les allège-citernes munies elles-mêmes d'un moteur qui assure leur propulsion ou remorquées par un bateau *ad hoc*. La voie d'eau conduit, dans certains cas, directement au port d'embarquement où nous verrons les manipulations plus loin. Dans d'autres cas le cours d'eau conduit à un port côtier où viennent les unités, spécialement aménagés en bateaux tanks, de la Koninklyke Paketvaart Maatschappy. Dans ces ports le chargement des allèges est pompé dans les tanks du navire côtier qui la transporte au port d'embarquement.

Si la plantation se trouve sur le chemin de fer à voie normale (Deli Spoorweg Maatschappy pour la côte Est de Sumatra) l'huile de palme est expédiée en wagons-citernes au port d'embarquement. Chaque plantation dispose d'un nombre suffisant de wagons pour en avoir continuellement en voyage vers le port et au remplissage à l'usine.

Lorsque la plantation se trouve sur une route, elle peut transporter son huile en automobiles-tanks soit directement au port d'embarquement soit à la station du chemin de fer la plus proche où se trouvent alors les wagons-tanks dont nous avons parlé. Ces wagons ont une capacité de 10 tonnes. Les allèges-citernes sont de capacité variable avec le cours d'eau emprunté et vont de 50 à 200 tonnes. Certaines d'entre elles sont construites pour tenir la mer.

Au port d'embarquement, qui pour la côte Est de Sumatra est Belawan Deli se trouvent les tanks collecteurs. Ceux-ci sont d'une capacité de 500 à 600 tonnes d'huile de palme. Cette huile, arrivant soit en bateaux côtiers, soit en allège, soit en wagon-citerne est pompée dans les tanks collecteurs. Les allèges et les bateaux côtiers sont munis dans leurs réservoirs d'une circulation de vapeur indirecte qui permet de porter l'huile à une température convenable pour le pompage. Les tanks collecteurs sont munis d'un serpentin de vapeur similaire.

Actuellement une huitaine de grands tanks sont installés dans le port de Belawan Déli. La Société Financière des Caoutchoucs qui, la première, a commencé l'expédition d'huile de palme en bateaux-tanks, possède trois tanks collecteurs au port, tandis que les autres Sociétés d'exploitation d'huile de palme ont confié à une Compagnie (Deli Tank Bedryf) l'expédition de leur huile ressemblée dans les réservoirs de la susdite Compagnie.

Périodiquement les steamers-tanks viennent à Belawan Deli charger de l'huile de palme. Grâce aux réservoirs établis au port, le remplissage de ses navires est très rapide. L'huile est rechauffée dans les tanks par le serpentin de vapeur, et l'huile de palme fluide s'écoule dans les tanks des navires. Actuellement le chargement de *7 à 800 tonnes* d'huile nécessite *six heures*, alors que par les méthodes d'expédition anciennes il fallait des journées pour embarquer une quantité égale d'huile. Il en résulte naturellement une forte réduction des frais d'expédition.

Avant l'emballage et l'expédition de l'huile tel que nous venons de le décrire il était fait usage de tonneaux et de fûts. Deux sortes de tonneaux en bois étaient surtout employés : c'étaient ceux du modèle imposé par le marché de Liverpool (standard casks ou ponchons) d'une capacité de 650 à 700 litres et ceux de dimensions plus réduites contenant 180 litres environ.

Les fûts en bois avaient le grand inconvénient de ne pas exclure les pertes d'huile par fuites et d'être, à cause de leur forme particulière, peu avantageux à charger sur les steamers. Les ponchons permettent de charger 530 kilos d'huile de palme par mètre cube de cale alors que les tonneaux de bois plus petits ne permettent que 500 kilos pour le même espace.

Le prix de l'emballage de l'huile en tonneaux de bois s'élevait de 5 à 7 cents de florin par kilo d'huile. Dans le dénombrement des postes qui constituent le prix de revient de l'huile, cet emballage était comme nous le verrons très élevé.

Plusieurs essais ont été faits avec différentes sortes de fûts métalliques. Afin d'abaisser le plus possible les frais de réexpédition de l'emballage à vide, les fûts métalliques furent faits du type démontable en deux moitiés qui s'emboîtaient ou en dimensions ascendantes permettant l'expédition d'une série de fûts allant de 300 à 600 kilos d'huile dans l'emballage le plus grand.

L'emploi des fûts métalliques supprimait, il est vrai, les pertes par fuites, mais avaient le désavantage de coûter plus cher que les tonneaux en bois. Leur forme cylindrique permettait aussi une meilleure utilisation de l'espace de cale des bateaux, mais les prix de 12 cents de florins et plus par kilo d'huile restait prohibitif.

Avant de disposer au port d'embarquement de tanks colecteurs, la Société Financière des Caoutchoucs, expédiant déjà l'huile en bateaux tanks vers l'Europe et l'Amérique, a fait usage de drums métalliques pour transporter l'huile au port. L'huile était alors versée du fût dans le tank du navire. La même Société a fait, dans le même but, usage de fûts métalliques de 3 à 4 tonnes. Souvent le vidage des fûts et drums donnait lieu à de sérieuses difficultés. L'huile, figée souvent et ne pouvant être réchauffée s'écoulait imparfaitement ou lentement et l'emploi de syphons à air et même d'air sous pression ne donnait pas des résultats satisfaisants. La solution définitive ne fut atteinte que par le système d'emballage et de transport que nous avons décrit au début de cette rubrique.

L'expérience a démontré que les parois métalliques des tanks des navires sont sans influence sur la qualité de l'huile. Comme pendant le transport et surtout en hiver, l'huile se fige, les tanks des bateaux sont munis de serpentins de vapeur qui permettent de réchauffer l'huile. A l'arrivée au port de débarquement l'huile peut être facilement pompée.

Le transport de l'huile de palme en tanks nécessite toute une installation au port d'embarquement. Il faut aussi que les fabriquants d'huile, qui dans leur fabrication tendent vers le produit le plus pur et le meilleur, sachent que leur huile n'est pas mélangée à une moins bonne lors de l'expédition. Cette garantie est fournie entièrement à l'expéditeur par l'installation de tanks collecteurs dans le port de Belawan à Sumatra. Un échantillon moyen, prélevé lors du chargement du steamer en fait foi.

Nous sommes obligés de constater que la solution de l'emballage et de l'expédition de l'huile de palme vient du pays où la culture le l'Elaeis est importée. L'expédition de l'huile a encore lieu en fûts et ponchons en Afrique Occidentale.

11° *Vérification de la fabrication de l'huile de palme*

La fabrication d'huile de palme doit être constamment soumise à un contrôle de quantité et de qualité.

A) *Contrôle quantitatif.* — Dans une huilerie bien équipée ce contrôle se fait d'une façon automatique. Les régimes sont amenés à l'usine en wagonnets dont la tare est connue. Le poids des régimes est enregistré avant le passage aux stérilisateurs. La pesée des rafles et des détritus sortants des égrappeurs, avant leur retour dans les champs, donne, par différence, le poids de fruits entrés à l'usine. On possède, d'autre part, lors de l'emballage, les poids exacts d'huile et d'amandes produits, il est donc facile d'en déduire les pourcentages d'extraction.

Certaines usines poussent le contrôle quantitatif plus loin et font des pesées séparées du tourteau, de la pulpe, des noyaux et de l'huile non clarifiée, pour connaître constamment le rendement de chacune des opérations.

Il va de soi que l'interprétation de tous les chiffres de rendement permet une mise au point parfaite d'une industrie. Il ne faut cependant pas que dans la marche habituelle d'une huilerie, les pesées de contrôle ou opérations de ce genre gêne la vitesse de la fabrication qui doit être celle qui économiquement est la meilleure.

Le Directeur de l'huilerie connaissant, d'une part, les chiffres de rendement de quantité et de qualité, d'autre part, tous les facteurs qui peuvent influencer le coût de la fabrication (main-d'œuvre, combustible, etc., etc.) doit pouvoir fixer pour chaque opération la façon optima de l'exécuter.

B) *Contrôle qualitatif.*

a) *Impuretés de l'huile de palme.* — La teneur en eau et en impuretés mécaniques (parois cellulaires, fibres, etc.) doit être déterminée régulièrement pour suivre la marche des appareils purificateurs (clarificateurs, filtres-presses, centrifuges). Pour chaque expédition d'huile ces données sont fixées par l'essai d'un échantillon moyen.

b) *Degré d'acidité de l'huile de palme.* — La détermination du degré d'acidité constitue une des opérations de contrôle essentielles pour une huilerie. C'est elle qui doit régler — en tenant compte de l'acidité moyenne à obtenir pour une livraison d'huile donnée — de la marche de la récolte des régimes et de tous les travaux de préparation que nous avons décrits.

A chaque huilerie doit être attaché un petit laboratoire où les déterminations essentielles peuvent être faites. La mesure du degré d'acidité par la pesée précise de l'échantillon d'huile à essayer, suivi de la lecture à la burette graduée au dixième de centimètre cube de la solution basique titrée employée à la neutralisation des acides gras libres, est laissée aux déterminations de précision. Pour les déterminations habituelles on se sert dans les huileries d'appareils plus simples, imaginés par Stieltjes (1), constitués par un tube de verre où un *volume* fixe d'huile est prélevé et mis en solution dans un volume fixe d'alcool sensibilisé par la phénolphtaléine à un excès de base. Celle-ci, sous forme de solution titrée de potasse ou de soude caustique, est contenue dans une burette étalonnée de façon à ce que la lecture du volume de solution basique employée pour neutraliser les acides gras libres de l'huile (coloration rouge persistante pendant 1/2 minute) donne directement le degré d'acidité de l'huile examinée. L'appareil, communément en usage à Sumatra, permet de faire des déterminations d'acides gras libres au 1/5 de degré près, ce qui est suffisant pour les mesures habituelles.

Un appareil, basé sur les mêmes principes, a été décrit dans le Bulletin Mensuel de l'Agence Économique de l'Afrique Occidentale Française (Août 1928, N° 92) (2) mais, tel qu'il est conçue il ne sert qu'à différencier les huiles titrant 3, 5, 10, 15 degrés d'acidité libre sans permettre une approximation suffisante sur le degré d'acidité d'une huile. Cet appareil peut être utile pour l'Afrique Occidentale où le titre d'acidité est en général élevé, mais il manque de précision pour les usines des Indes.

Les méthodes de récolte et de fabrication en usage actuellement en Orient permettent — d'après le désir de l'acheteur qui destine son huile à un usage déterminé — de faire de l'huile de palme titrant de 1 à 12° d'acidité libre. Les huileries des Indes sont en somme capables de réaliser un des plus grands désidérata des fabriquants d'Europe et d'Amérique : fournir *régulièrement un tonnage suffisamment important d'huile avec la garantie que le degré d'acidité de cette huile sera inférieure à une limite fixée.*

12° *Traitement des noix palmistes*

a) *Séchage des noyaux.* — Nous avons vu l'intérêt qu'il y avait pour toutes les opérations de l'huilerie à ce que le tourteau de première pressée subisse une exsiccation. Le moins grand n'est certes pas l'exsiccation du noyau qui peut, si elle est suffisante, être soumis immédiatement au concassage après avoir passé au dépulpeur.

Pendant la stérilisation des fruits la pression est amenée à 2,8 atmosphères dans l'autoclave puis assez brusquement amenée à zéro par l'ouverture des robinets de décharge. Il s'en suit un commencement de décollement de l'amande dans sa coque ce qui favorise le concassage. Une application de vide, successive à la stérilisation, telle qu'elle est appliquée dans certaines usines, augmente encore cette action tout en retirant au fruit une grande partie de son eau.

Les noix qui ont été traitées avec la pulpe dans les extracteurs à solvant sont particulièrement propres après dépulpage et subissent facilement l'opération de concassage sans être soumise à une nouvelle exsiccation.

La présence de la partie fibreuse adhérant aux noyaux dépulpés constitue également un empêchement au bon concassage. Pour ce motif plusieurs huileries ne se contentent pas de sécher le tourteau sortant des

---

(1) A. STIELJES. Méthode de dosage rapide de l'acidité de l'huile de palme. *Bul. des Mat. Grasses de l'Inst. Col. de Marseille.* N° 7-1921. — Voir à la fin de ce volume.
(2) LAVERGNE 15 VENAULT. *Bulletin Mensuel de l'Agence Économique de l'A. O. F.* (août 1928, N° 92).

presses, mais soumettent-elles les noyaux à l'action de l'air chauffé à 150° à 160° C. dans des tambours tournants. De cette façon la houppe fibreuse est enlevée et le concassage peut avoir lieu sur un matériel séché dans de bonnes conditions.

Les huileries qui ne disposent pas des machines nécessaire à l'exsiccation des noyaux se contentent de laisser ceux-ci exposés à l'action du soleil. Cette exposition se fait sur des aires en ciment qui peuvent, en temps de pluie, être recouvertes par des toitures mobiles sur rails.

b) *Concassage des noyaux*. — Après exsiccation naturelle ou artificielle les noix arrivent, soit par rubans transporteur soit par wagonnets, aux machines de concassage. Celles-ci, qu'elles soient du type horizontal ou vertical sont composées esssentiellement d'un disque tournant de 1000 à 1200 tours à la minute qui projette les noix violemment contre la paroi métallique de la chambre de concassage.

Les coques sont cassées dans cette opération et dans le cas le plus favorable *l'amande non cassée* est entièrement libre. Cependant les noix de palme étant de grosseur et de poids différents, il va sans dire que la vitesse de rotation et la force centrifuge développée est optima pour certaines noix, trop forte pour d'autres qui se trouvent brisées et trop peu forte pour les petites noix dont la coque ne se brise pas. Pour obvier à cet inconvénient, certaines huileries procèdent avant le concassage, à un triage des noyaux. Celui-ci se fait par un tambour tournant garni de trois dimensions successives de mailles qui laissent passer les différentes grosseurs de noix. Elles sont ensuite distribuées automatiquement à des concasseurs dont la vitesse de rotation est réglée spécialement pour chaque grosseur de noix.

Le concassage des noix a lieu d'une façon entièrement automatique dans l'appareil suivant : Les noix sont débarrassées des impuretés fibreuses par un ventilateur qui se trouve à l'endroit où elles sont prises par les godets des élévateurs qui les conduisent aux concaseurs. Ces machines se trouvent à 4 mètres au-dessus du sol de l'usine. Les noix tombent dans une trémie qui les distribue sur le plateau tournant du concasseur proprement dit. Toutes ne sont pas cassées lors de ce premier passage. Le mélange de noix cassées, de coques et de noix non cassées tombe dans un tambour trieur à mailles réglables. Ce tambour effectue la séparation des débris de coques, et des noix non cassées. Par des plans inclinés appropriés, le débris de coque quittent l'appareil tandis que les noix non cassées retournent par un autre plan incliné à l'élévateur qui les transporte à nouveau au concasseur. Par l'ouverture du tambour sort enfin le mélange de coques brisées et d'amandes, qui se rendent, également par plan incliné au bain ou à l'appareil séparateur.

Il suffit d'un homme qui assure l'alimentation de l'appareil décrit.

Il existe aussi des concasseurs à cylindres rayés. Ces machines font éclater par pression les coques de noix qui sont distribuées par de rouleaux spéciaux d'après leur grosseur. Le rendement de ces appareils est plus petit que celui des concasseurs centrifuges.

La brisure des amandes constiue un désavantage des deux machines. On peut toutefois le réduire à un minimum presqu'inappréciable en ne soumettant au concassage que des noyaux suffisamment secs, en réglant minutieusement les concasseurs, et en opérant un triage des noix d'après leur taille.

c) *Séparation des coques et amandes palmistes.* — La différence de densité entre la coque et l'amande est à l'origine des premières méthodes de séparation. Les coques ont, en effet, une densité de 1,3 et les amandes de 1,07. Une séparation complète du mélange coques et amandes sera donc obtenue dans un bain de poids spécifique de 1,20 à 1,25 où les amandes surnageront alors que les coques iront au fond. Le bain fut longtemps fait, en Afrique surtout, par une solution de sel dans l'eau. A Sumatra, le sel fut remplacé rapidement par une suspension beaucoup moins chère, l'argile dans l'eau. Les deux bains donnent une séparation complète des coques et des amandes. Ces dernières sont enlevés soit à la main, à l'aide de pelles en treillis métallique, soit d'une façon continue et mécanique par des roues à godets perforés.

L'inconvénient du bain est double. L'amande doit être débarrassée par lavage du sel ou de l'argile qui y adhère et les coques, qui sont employées comme combustible dans l'huilerie, doivent également être lavées, pour ne pas provoquer un encrassement trop rapide des grilles du foyer où elles sont brûlées.

Le bain de sel ou d'argile a été remplacé par l'eau pure dans une machine qui utilise un jet d'eau sous pression qui entraîne les amandes et laisse déposer les coques. La séparation n'est pas complète dans ces appareils.

Les machines de séparation à sec ont fait l'objet de différents brevets. Elles utilisent soit la différence de forme de la coque et de l'amande soit leur différence d'élasticité. D'autres encore effectuent la séparation par tamis et ventilateur. Plusieurs de ces apapreils sont actuellement à l'essai dans les usines et conduiront sous peu à une machine d'un rendement qualitativement et quantitativement suffisant.

d) *Le séchage des amandes de palme.* — Lorsque la séparation est obtenue dans un bain et que les amandes doivent être débarrassées, par lavage, de leur excès de sel ou d'argile, elles doivent être séchées avant leur mise en sac. Il a été démontré que les amandes, même après une séparation effectuée à sec, doivent subir une exsiccation, réduisant leur teneur en eau en dessous de 5 % si l'on veut éviter une altération des amandes pendant le voyage.

L'exsiccation des amandes a lieu le plus souvent à Sumatra dans des machines fixes ou rotatives où est insufflé de l'air chaud. Quelques usines sèchent les amandes sur des aires en ciment exposées au soleil et munies de toits amovibles sur rails.

e) *Nettoyage et polissage des amandes.* — Avant leur mise en sacs pour l'expédition les amandes passent dans un tambour hexagonal muni de toile métallique qui laisse échapper les débris de coques entraîné lors des opérations précédentes. Le frottement des amandes contre les parois en toile métallique provoque en même temps un polissage des amandes.

La suite de toutes les opérations : concassage, séparation, lavages, séchage, polissage et mise en sac des amandes se fait, dans une huilerie moderne, d'une façon presqu'entièrement automatique.

Le contrôle quantitatif de la production d'amandes se déduit des chiffres de pesées que nous avons vu pour l'huile de palme. Une huilerie qui dispose d'un outillage complet pour la préparation des amandes, peut faire avec le fruit du palmier de Sumatra de 6 à 7 % d'amandes par rapport au poids des fruits traités.

Le contrôle qualitatif est fait en partie sur l'aspect des amandes entières et sectionnées, ainsi que par l'examen de l'huile de palmiste produit par un échantillon moyen. La teinte de l'huile et son aptitude au blanchiment complet sert d'indice de qualité. L'humidité des palmistes est mesurée également à l'arrivée.

13° *Les déchets de l'huilerie*

Il faut considérer d'une part les rafles vides, les petits fruits et les folioles, la pulpe extraite et, d'autre part, les boues de clarification et les coques. Nous séparons les déchets en deux classes, parce que les premiers peuvent être employés éventuellement tels que comme engrais alors que les seconds ne le sont jamais.

Au sortir de l'égrappeur nous rassemblons les rafles vides et sous l'action de ventilateurs ou par tambour séparateur les folioles des fruits et les petits fruits non fécondés sont séparés. Tous ces déchets de fabrication peuvent être reconduits immédiatement dans les champs. Entassés autour des palmiers, ils donnent un engrais organique de valeur. Sa distribution dans la plantation entraîne cependant des frais tels que le prix de l'unité de matière fertilisante est au dessus de ce qu'il est par un emploi raisonné d'engrais chimiques et de légumineuses combinés.

L'exploitation d'une plantation de palmiers entraîne une exportation importante d'éléments nutritifs du sol. En supposant que les 20 à 25 feuilles que l'on coupe par an à chaque palmier pour la récolte des régimes soient restituées en grande partie par ces feuilles elles-mêmes mises en tas, les rafles, folioles, pulpes, boues et coques enlèvent régulièrement au sol de l'azote, de la potasse et du phosphore.

Des analyses complètes de tous ces résidus de fabrication ont été faites à l'Avros (1) et montrent qu'il est indispensable de restituer au sol ses matériaux essentiels, si on ne veut pas aboutir à sa régression et par conséquent à une diminution de la production. La restitution logique nécessiteeait l'épandage uniforme des résidus qui ne peut avoir lieu pour des raisons économiques. Nous avons vu que le plus souvent on se contente de les déverser dans les environs immédiats des lignes de decauville.

Dans certaines huileries, les rafles, mélangés à la pulpe et aux coques, sont employés comme combustible. Dans ce cas les cendres peuvent être utilisées comme engrais.

La pulpe, traitée par pressée, constitue un matériel encore trop riche en huile pour être appliquée immédiatement comme engrais. Le tourteau fourni par les presses ou par les expellers est généralement employé comme combustible d'abord. Il n'en est pas de même de la pulpe traitée par dissolvant dont la teneur ne dépasse généralement pas 1 % d'huile.

Les boues de clarification mélangées d'eau constituent un déchet qui n'est pas économiquement récupérable. Malgré leur teneur en matières utiles au sol, elles sont évacuées.

Les coques constituent un excellent combustible qui a cependant le désavantage d'attaquer assez fortement la grille du foyer. L'emploi des résidus de fabrication comme combustible exige l'emploi de grilles et de foyers spéciaux qui sont d'ailleurs prévus pour les usines d'huile de palme.

______

(1) BLOMMENDAAL, *loc. cit.*

14° *La machinerie motrice de l'huilerie*

La force motrice d'une huilerie est évidemment fournie par une ou des machines à vapeur. Dans les usines d'Europe, qui très souvent doivent acheter leur combustible, la production de vapeur est soumise à un contrôle très strict. Il n'en est pas de même dans les usines coloniales et surtout dans les huileries où trop souvent la production de vapeur est faite dans de très mauvaises conditions et sans contrôle, sous prétexte que le combustible ne coûte rien. Il s'en suit souvent un mauvais rendement de la chaudière. Celui-ci est fonction de différents facteurs : combustible, tirage, cheminée, rayonnement, etc., qu'un mécanicien chargé d'une huilerie de palme doit pouvoir contrôler. De lui dépendra aussi l'emploi judicieux de la vapeur dans les différents appareils de l'usine. Nous avons constaté souvent dans les huileries un gaspillage inutile de vapeur toujours sous le même prétexte qu'elle ne coûtait rien à produire.

La machine à vapeur du type tournant à 80 à 100 tours par minute est la plus généralement employée. Elle a le grand avantage sur les moteurs d'explosion en usage dans les usines à caoutchouc, d'être moins compliquée et plus facile à surveiller par les indigènes.

Lorsque l'usine fait usage du système par presses, la machine à vapeur actionne les pompes hydrauliques qui se trouvent avec les accumulateurs de pression dans la salle des machines sous une surveillance continue. Les accumulateurs de pression, qui sont le plus souvent des masses de ciment armé (20 à 30 tonnes) servent à régulariser la pression dans l'usine et à rendre possible l'emploi de plusieurs presses en même temps.

L'usine hydraulique employant de fortes pressions exige la présence d'un mécanicien spécialisé. Il n'en est pas de même lorsqu'il est fait usage de centrifuges et de presses à vis qui sont plus simples d'utilisation.

Il n'en reste pas moins vrai que pour assurer la bonne marche d'une huilerie qui dessert souvent une plantation de plusieurs milliers d'hectares, il faut une direction compétente sachant mettre au point toutes les opérations dont nous venons de parler, en même temps qu'elle en organise tous les détails.

Les plantations de 3.000 hectares de palmiers ne sont plus une exception aux Indes. Pour une production de 2.000 kilos d'huile à l'hectare par an l'huilerie d'une telle plantation doit pouvoir traiter 25.000 tonnes de fruits ou 50.000 tonnes de régimes par an. Comme les récoltes ne sont pas uniformes pendant toute l'année cette usine doit pouvoir traiter 300 tonnes de régimes par jour. Elle doit pouvoir produire de 30 à 35.000 kilos d'huile de palme et de 7 à 9.000 kilos de palmiste par jour.

Nous avons attiré l'attention sur le gaspillage de vapeur ; insistons également ici sur la perte de force motrice souvent causée dans les usines par une transmission défectueuse ou mal étudiée.

15° *Huilerie à main*

La fabrication d'huile de palme et de palmistes dans des huileries où toutes les opérations se font dans des machines mues à bras d'hommes n'est plus en usage que dans les petites exploitations ou dans les palmeraies spontanées de l'Afrique.

En Malaisie il n'en est plus question, toutes les entreprises étant faites sur un pied assez grand pour justifier une installation mécanique. Tout au plus, quelques entreprises, n'ayant pas, pour des motifs quelconques, leur installation définitive prête quand la plantation entre en rendement, emploient-elles provisoirement des presses à mains. L'usine est alors mixte puisque la vapeur et la force motrice indispensable au malaxage à chaud des fruits et la clarification de l'huile, est produite par une locomobile. Ces installations ne sont pas économiques.

Les presses à main employées sont du modèle à panier interchangeable dont différents types sont dans le commerce (Schlieper, Duschscher).

Lorsque toute force motrice fait défaut le malaxage est remplacé par un pilonnage des fruits soit à froid soit après un chauffage à feu direct.

Les machines à dépulper à bras employées jadis étaient peu pratiques et d'un petit rendement. Leur travail incomplet donnait des noyaux fortement garnis de fibres et peu aptes à être traités avec succès dans les concasseurs à main.

16° *Schéma d'une huilerie*

Dans une huilerie moderne toutes les opérations doivent se succéder logiquement sans que le produit traité ne subisse des retours en arrière qui encombrent la fabrication.

Les régimes doivent entrer à une extrémité de l'usine, l'huile de palme et les amandes en sortir à une autre.

Toutes les opérations doivent se faire avec un minimum de main-d'œuvre. Si la plantation est susceptible d'être étendue, il doit être tenu compte des agrandissements possibles de l'usine.

Nous faisons suivre une représentation schématique de la disposition des différentes machines.

SCHEMA D'UNE HUILERIE

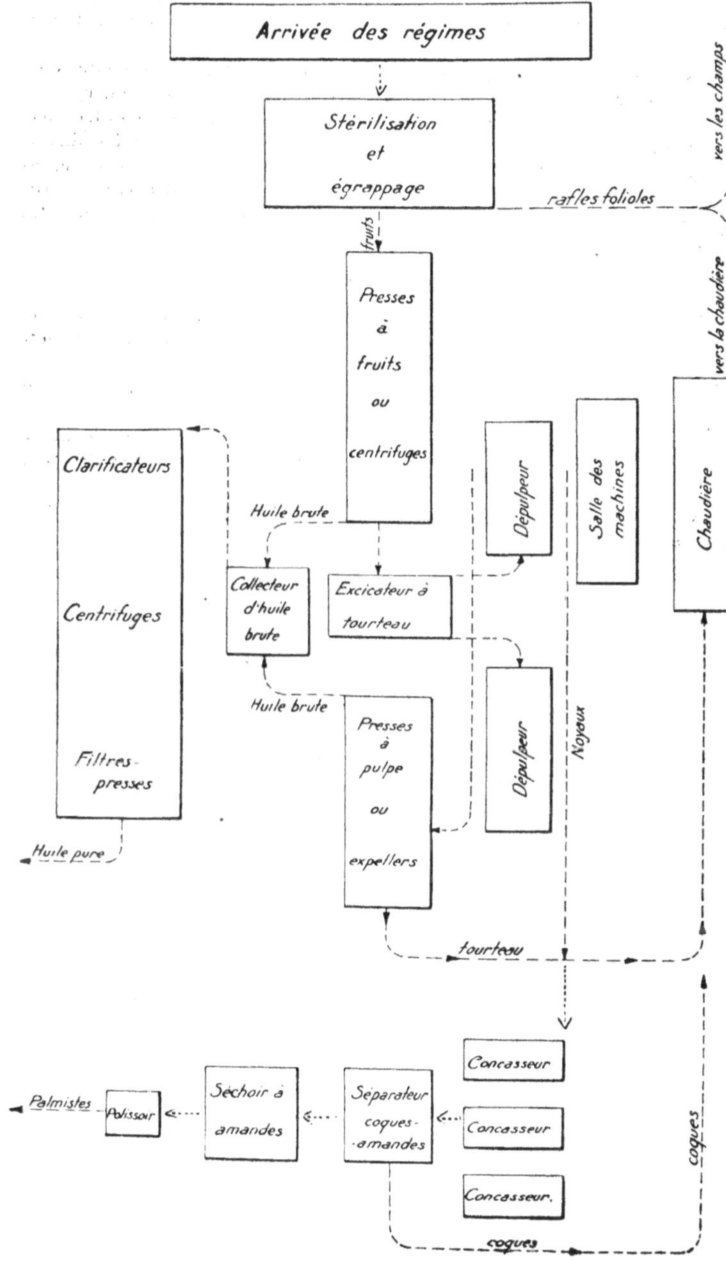

CONCLUSIONS

Nous venons d'exposer sommairement l'état actuel de la culture du palmier à huile dans l'Est.

La conclusion naturelle de cette étude ne peut porter que sur l'examen des conséquences que le développement si rapide de cette culture peut avoir pour l'exploitation des palmeraies de l'Afrique et sur les leçons que ceux qui s'intéressent à cette exploitation, gouvernements et particuliers doivent retirer de l'enseignement que leur donne ainsi une fois de plus les Indes néerlandaises et la Malaisie.

L'introduction des premiers Elaeis aux Indes néerlandaises remonte à près de trois-quarts de siècle, l'étude systématique de la culture de ce Palmier et de tous les problèmes qui s'y rattachent ne date guère que de 8 à 9 ans. Cependant, les résultats obtenus sont déjà d'un ordre tel, que dans plus d'un domaine, celui de la sélection et de la fabrication par exemple, l'Afrique se voit dépassée.

Au retour de notre mission en Afrique Occidentale Française (1919) (1) nous avons attiré vivement l'attention sur le danger que pouvait constituer pour l'huile d'Afrique la concurrence naissante des Colonies Orientales. Aujourd'hui, nous considérons à nouveau la question après avoir étudié pratiquement toutes les conditions d'exploitation en Orient, où nous avons assisté ces dernières années à la rapide évolution de la culture de l'Elaeis.

Un coup d'œil d'ensemble nous permet de résumer comme suit la situation respective de l'Afrique et des Indes :

1° Le seul avantage que possède l'Afrique (avantage d'ailleurs surestimé à notre avis), est l'existence de ses immenses palmeraies spontanées. Elles constituent, d'une part, une richesse naturelle, en partie immédiatement exploitable, d'autre part, un vaste champ d'études et un matériel précieux pour la sélection ;

2° Tout en ayant à faire en Malaisie à une plante importée, cette importation est suffisamment ancienne pour que l'on sache actuellement avec certitude que les conditions de vie y sont favorables à l'Elaeis ;

3° Le type de Palmier commun des Indes est d'un rendement supérieur au type commun d'Afrique ;

4° La Culture du Palmier en Orient est entreprise dans un pays où depuis longtemps on est habitué à mener scientifiquement d'autres grandes cultures ;

5° Le résultat de travaux scientifiques, combinés avec les enseignements de la dernière crise mondiale, ont permis d'écarter un des principaux inconvénients des grandes cultures en Orient : les grands frais d'établissement ;

---

(1) *Bulletin des Matières Grasses* de l'Institut Colonial de Marseille, N° 6, 1919.

6° La question de la main-d'œuvre y est résolue. au moins pour le moment.

Il est peut-être intéressant de citer un fait qui par lui-même en dit assez long sur cette situation : *depuis bientôt cinq ans la plupart des plantations ou extensions de plantations de Palmiers en Afrique Occidentale, au Congo belge et au Congo portugais se font avec des graines provenant de Sumatra.* Nous sommes bien placés pour affirmer ceci puisque nous avons fait personnellement les premiers envois d'Orient en Afrique. Actuellement les graines expédiées se chiffrent par millions.

Nous ne pouvons nous empêcher de nous reporter dix ans avant, lorsque nous exposions au Gouverneur Général de l'Afrique Occidentale Française à Dakar, le danger naissant de la concurrence orientale. Depuis lors nos prévisions se sont réalisées, les Elaeis qui étaient encore à l'état de graines ont donné des graines eux-mêmes, et *ce sont elles qui font en Afrique des plantations meilleures que celles que donneraient de graines prélevées sur place.*

Nous ne croyons pas qu'on pourrait nous accuser de parti pris lorsque nous déclarons que Sumatra possède, malgré la jeunesse relative de la culture du Palmier, une avance considérable sur l'Afrique Occidentale. Nous ne pensons pas nous tromper lorsque nous attribuons cette avance aux méthodes employées et surtout au solide *esprit de continuité* qui caractérise les travaux entrepris (1), (page 23 et suivantes).

Pour des travaux de sélection il est inutile d'insister sur la nécessité absolue de cet esprit de continuité. Pouvons-nous dire qu'il ait réellement existé en Afrique ? Non, car dans ce cas, il devrait y avoir actuellement des résultats palpables, sous forme de jardins de sélection, où il serait possible de retrouver trois ou quatre générations issues de palmiers connus. Encore faudrait-il supposer que l'intérêt porté à l'Elais ne datât que de 1910.

Il est loin de nous de sous estimer la valeur des techniciens qui se sont occupés et qui s'occupent de l'Elaeis en Afrique Occidentale tant française qu'anglaise, mais l'absence, dans ce pays, d'institutions privées, a fait que ces techniciens étaient des fonctionnaires, exposés à de nombreuses mutations provenant de l'évolution même de leur carrière. Il faudrait oser nier l'évidence, pour prétendre que ces mutations ne nuisent pas à l'esprit de continuité dont nous parlions plus haut. On peut concevoir, en effet, que pour des travaux de longue haleine comme la sélection, l'effort de quelqu'un qui sait d'avance qu'il n'enregistrera pas lui-même les résultats de ses recherches, ne sera pas un effort maximum. Nous ne nous permettrions pas d'avancer une telle assertion, si nous n'avions vu personnellement en Afrique Occidentale des résultats de plusieurs années de recherches et d'observations tombant à néant par une simple remise de service. Une diversion de vues entre individus a souvent suffi à cet effet.

La confirmation évidente de ce que nous avançons fut donnée en 1922 par le fait que, devant l'absence complète de résultats en matière de sélection de l'Elaeis en A. O. F. on songea enfin à organiser des Stations expérimentales qui s'occuperaient uniquement de la question. C'est en effet, dans un travail publié en 1922 que MM. Yves Henry, inspecteur général de l'Agriculture et A. Houard, ingénieur en chef des travaux

---

(1) G. VAN PELT. *Le Palmier à Huile. Rapport de Mission.* Institut Colonial de Marseille (1920).

d'Agriculture exposent les *Etudes et Avants-Projets* pour l'amélioration
du Palmier à Huile en Côte d'Ivoire et au Dahomey. Rien dans cette
étude ne laisse supposer le moindre travail accompli antérieurement au
point de vue sélection puisque nous pouvons lire en page 24 du travail
précité : « On recherchera dans les régions de palmeraies les arbres
répondant par leurs caractères : productivité, teneur du fruit en huile et
en amande, tenue de la pulpe au dépulpage et à la pression, épaisseur
et dureté de la coque, précocité et groupement de la maturité, etc., au
but des sélections. Ces ascendants seront repérés et la permanence de
leurs caractères rigoureusement observée pendant un nombre d'années
suffisant. »

Nous devons conclure de ces paroles, émanant d'une personnalité
éminemment autorisée de par ses fonctions à connaître la situation exacte,
que le tout premier stade de la sélection : la prise en observation d'arbres
reproducteurs n'était même pas abordée en 1922. Nous pouvons cependant
affirmer que tout au moins ce travail de début fut fait, puisque nous
l'avons mis nous même en train en 1919 avec M. Teissonnier qui dirigeait
alors les Services de l'Agriculture de la Côte d'Ivoire. M. Teissonnier a
continué les travaux d'observation et les résultats en furent publiés jusqu'en 1924 (1).

Il est typique de faire observer ici *que nous avons déjà récolté et
resemé à Sumatra des graines de Palmier issus eux-mêmes de graines
prélevées personnellement par nous à la Côte d'Ivoire.*

*
* *

C'est en 1924 que le Gouvernement Français décida la création des
Stations expérimentales de La Me (Côte d'Ivoire) et de Pobé (Dahomey),
affectées spécialement au Palmier à Huile et jouissant d'un statut spécial
leur permettant de recevoir en dehors des subsides gouvernementaux des
contributions émanant du commerce et de l'industrie.

Depuis 1925 les très intéressants travaux de ces Stations ont été publiés
par les soins du Comité d'Etudes Historiques et Scientifiques de l'Afrique
Occidentale Française.

Nous regrettons toutefois de devoir y relever le peu de résultats
pratiques *immédiats* qu'ont pu y trouver ceux qui étaient désireux de
procéder à la culture de l'Elaeis en Afrique Occidentale. Peut-être nous
dira-t-on que ce n'est pas là le rôle d'une Station expérimentale mais
nous répondrons en citant une fois de plus l'exemple de Sumatra. Les
questions posées par les planteurs aux Stations d'Essai furent avant tout :
quelles graines devons-nous planter pour faire *maintenant* les meilleures
plantations possibles, comment devons-nous faire ces plantations et quelle
est la meilleure façon de faire de l'huile ? Nous avons montré comment
il fut répondu à ces questions. Il n'est cependant venu à l'esprit d'aucun
planteur de Palmier à Sumatra que le fait de donner des conseils d'ordre
pratique exclue pour les Stations d'Essai les recherches scientifiques. Le
rôle de toute Station Agricole, payée en tout ou en partie par le planteur
lui-même, est d'aider ce planteur. Elle lui indiquera les sources de son
matériel de plantation, et lui donnera des conseils basés sur une connaissance approfondie de la culture, et sur le sain emploi de capitaux.

---

(1) M. TEISSONNIER. Le Palmier à Huile à la Station Agricole de Bingerville.
Bul. Mat. Gras. de l'Inst. Col. de Marseille, N° 2-1924.

Pour ces motifs nous avons été très étonnés qu'Houard dise dans un de ces Rapports Techniques de La Mé (1) page 8 : « Mais pour ne pas marcher à l'aventure il a fallu poursuivre inflexiblement toutes ces études continues depuis 1922 sans se laisser impressionner par une impatience qui eut pu être néfaste si l'esprit directeur avait été influencé par certaine critique mal avisée, qui n'a voulu voir dans ce lent et obscur travail de préparation qu'un état d'inaction ou d'ignorance. »

Lorsque la sélection dite pédigrée donnera des résultats palpables à La Mé, à qui profiteront-ils en Afrique Occidentale ? N'y aura-t-il pas pour lors dans d'autres Colonies des plantations entièrement modernes, faites avec l'aide de Stations d'Essai et de techniciens ? Ces plantations seront prêtes à introduire dans la pratique des grandes cultures les travaux de science pure arrivés alors à des résultats certains.

Nous voulons simplement dire par là que, tout en ne perdant pas de vue sa mission purement scientifique, une Station d'Essai pour l'Elaeis peut et doit dans ses débuts donner des résultats à appliquer immédiatement par les planteurs.

Les principaux travaux ont été faits en Côte d'Ivoire à la Station de La Mé par M. Houard et ses collaborateurs.

Le but que se sont proposé ces spécialistes est de repérer dans les palmeraies existantes des types de Palmier qui, par la composition centésimale de leurs fruits, leur rendement en huile, leur productivité et la constance de ces caractères pouvaient entrer dans le groupe des palmiers pris en observation pour servir de point de départ à une sélection rigoureuse.

Le rapport que nous citons plus haut rend compte des travaux exécutés dans cette Station, et donne sous forme de tableaux un matériel de chiffres très complet sur les particularités du Palmier de la Côte d'Ivoire. Une méthode de cotation des Palmiers a été adoptée en suite de ces travaux. Le compte rendu de ce qui a été fait en 1926 est publié dans le Bulletin du Comité d'Etudes Historiques et Scientifiques de l'Afrique Occidentale Française (2).

Houard insiste (page 13 et suivantes, (*loc. cit*) sur le fait que dans la sélection du palmier à huile les efforts portent le plus souvent sur l'augmentation du péricarpe producteur de l'huile de palme et que l'on pense trop peu à l'amande qui est cependant un produit de grande valeur.

Le problème que se sont proposé ceux qui s'occupent de créer pour les plantations de palmier des Indes le type de palmier économiquement le meilleur est de *réduire au minimum la coque qui est un déchet.*

Houard n'est pas partisan des formes qu'il appelle à péricarpisme exagéré et prend comme type de palmier à atteindre par sélection celui donnant des fruits à 60 % de pulpe, 20 % d'amande et 20 % de coque. Les palmiers reproducteurs à 80 % de pulpe, 10 % d'amande et 10 % de coque n'ont donné dans leur descendance à Sumatra aucun des signes de dégénérescence qu'inquiète la Station de La Mé, et les planteurs d'Elaeis comprendront l'avantage que le second type leur offre sur le premier.

---

(1) A. HOUARD, LAVERGNE et BLONDELFAU. *La sélection du Palmier à Huile à la Station Expérimentale de La Mé* (Rapport technique de 1925).
(2) CASTELLI, LAVERGNE et BLONDELFAU. *Travaux de la Station Expérimentale de La Mé*. 1928.

Dans les remarques que fait Houard sur la fabrication des deux produits, l'huile de palme et le palmiste, que nous fournit l'Elaeis, il est juste de dire que c'est la fabrication de l'huile de palme ou de péricarpe qui nécessite l'installation la plus compliquée et la plus coûteuse alors que l'obtention du palmiste est relativement simple. Ce que Houard perd cependant de vue, c'est que l'installation pour la production d'huile de palme est, à peu de chose près, la même qu'il s'agisse de fruits à 30 % ou à 80 % de péricarpe, que cette installation est indispensable et que ce n'est qu'en passant par elle qu'on arrive à l'amande palmiste.

Enfin, un argument qui rend l'huile de palme plus intéressante que le palmiste est que nous sommes dans le premier cas en présence d'un produit industriel pur : l'huile avec un pourcentage infime d'impuretés, alors que l'amande de palmiste, traitée en Europe ou en Amérique seulement, comporte l'expédition d'un poids mort. L'huile de palmiste n'est, en effet, pas fabriquée dans les usines des plantations. Il n'y aurait pas de débouché pour le tourteau qui sert de nourriture au bétail.

Sans vouloir critiquer les intéressantes études des Stations en Afrique Occidentale, nous craignons cependant que les planteurs trouvent les procédés de détermination des lignées utiles à exploiter par eux, un peu longs. Rien n'empêche, dans le cas qui nous occupe, de donner des résultats pratiques immédiats tout en réservant pour des temps forcément plus lointains, des données que seules des recherches plus spéciales peuvent procurer.

Nous craignons que ce ne soit pas entièrement dans ce but que les Stations Agricoles du Palmier aient travaillé en Afrique Occidentale.

Une autre question ne peut manquer de nous venir à l'esprit : les Stations d'Afrique ont-elles depuis leur début pris le palmier de Sumatra en observation, et se sont elles constamment tenues au courant de ce qui était fait dans le domaine de la culture de l'Elaeis chez la nouvelle concurrente ?

Les plantations faites actuellement en Afrique avec des graines venant de Sumatra donneront sans doute la réponse à la première partie de notre question, et ce d'une façon d'autant plus intéressante, qu'émanant de l'industrie elle-même, cette réponse permettra d'établir le seul facteur important pour le producteur : le prix de revient de l'huile.

Il est certes nécessaire d'étudier les types de palmier en Afrique, et il y a même longtemps que cela devrait être fait, il est nécessaire de savoir ce qu'il y a sur place, mais si un pays a une avance appréciable sur un autre, ou si une variété étrangère, plus rapidement acquise, peut être plus intéressante pour le producteur, il est du devoir de l'homme de science de le dire. Jamais alors le producteur ne doutera de la nécessité de travaux poussés plus avant.

*
* *

La question paraît du reste dominée par l'opinion généralement admise en Afrique Occidentale française et anglaise que le système des plantations doit rester exceptionnel et que l'on doit s'en tenir à l'exploitation indigène.

Nous avons sous les yeux le discours que M. le Gouverneur Général Carde prononça en 1923 au Conseil du Gouvernement sur la politique agricole du Gouvernement Général de l'Afrique Occidentale (1). « Un tel

---

(1) CARDE. La Politique agricole du Gouvernement Général de l'Afrique Occidentale. *Bul. Mat. Gras. de l'Inst. Col. de Marseille*, N° 11-12-1923.

parallèle (les Indes et l'A. O. F.) dénote une méconnaissance vraiment inconcevable des conditions respectives de milieux qui sont totalement différents », et plus loin : « il est essentiel de considérer qu'étant donnée la faible densité de la population, le procédé d'exploitation de l'Afrique Tropicale par le moyen des grandes plantations organisées sur le plan de celles d'Extrême-Orient ne correspond point ici à une méthode normale de colonisation. Et nous aboutissons à cette conclusion que la mise en valeur culturale de nos possessions de l'Ouest et du Centre africain doit être surtout poursuivie si l'on veut atteindre *des résultats effectifs et importants*, par l'indigène lui-même ».

*
* *

Il est un fait certain entre tous : la main-d'œuvre disponible est de beaucoup supérieure aux Indes qu'en Afrique Occidentale. Mais il nous paraît que l'on doit tirer de ce fait une conclusion opposée à celle qui est admise jusqu'ici en Afrique Occidentale : *dans le pays où la main-d'œuvre est la plus rare, les méthode de travail doivent être telles que le rendement de cette main-d'œuvre est maximum.*

Or, nous constatons tout le contraire. Sans vouloir, une fois de plus, estimer ce qu'un indigène d'Afrique peut produire par l'exploitation de ses palmiers, le rendement d'un homme en plantation ou en palmeraie ne se discute même pas. Ne parlons même pas de la qualité de l'huile.

En résumé, il faut beaucoup de nègres pour peu d'huile. Une statistique des plus parlantes serait le calcul du poids d'huile produit par travailleur dans les palmeraies d'Afrique comparé au poids produit par ouvrier de plantation !

L'exemple suivant est frappant également : si nous prenons à 8.000 tonnes par an la production moyenne en huile de palme de la Côte d'Ivoire et à 2 tonnes d'huile par an par hectare le rendement d'une plantation des Indes, la production en huile de palme de *toute la Côte d'Ivoire* est compensée par *une seule plantation* de 4.000 hectares. Une plantation de ce genre n'emploierait pas à Sumatra un effectif supérieur à 1.200 ouvriers.

Combien de nègres emploie la Côte d'Ivoire, pays où les ouvriers font défaut pour faire ses 8.000 tonnes d'huile annuelles ?

Depuis que les théories sur les palmeraies de la Côte Occidentale d'Afrique ont été émises, elles ont passé en quelque sorte à l'état de dogme. La pauvreté des résultats obtenus en un temps suffisamment long nous paraît relativement simple : *on peut s'adresser avec succès à l'agriculteur indigène d'Afrique quand il s'agit d'un produit de simple cueillette ne nécessitant pas ou peu de préparation.* Tels sont les arachides au Sénégal et le cacao à la Gold Coast. Dès qu'il faut des transformations, des usines et une organisation de culture l'exploitation purement indigène perd ses droits.

L'éducation de l'indigène n'ira pas jusqu'à lui faire comprendre que toutes les phases du travail que nous avons exposées plus haut pour obtenir une huile plus abondante et meilleure sont indispensables. Toute l'organisation et tout le contrôle d'une industrie méticuleusement montée nous est nécessaire, même dans les plantations, et il nous semble que c'est nier toute connaissance de la mentalité nègre ou orientale de croire que l'autochtone parviendra à mettre les terrains de ses palmeraies économiquement en valeur sans la conduite et surtout sans l'aide des capitaux européens.

On nous objectera encore ici que l'indigène qui exploite ses palmiers pour son propre compte est plus riche que l'indigène travaillant dans une plantation. Cette opinion serait exacte si les palmiers étaient bien exploités mais tout le monde sait qu'il n'en est pas ainsi.

Dans un autre ordre d'idées d'ailleurs il est intéressant de comparer les conditions d'existence de l'ouvrier de plantation et de l'indigène. Il n'a pas manqué ces derniers temps d'enquêteurs de tous les milieux sociaux, de toutes les races et de toute opinion politique qui ont voulu se rendre compte, de visu, de ces conditions et qui ont dû convenir que la mise en valeur d'un pays par les capitaux européens avait toujours entraîné une amélioration notable de vie chez les ouvriers. L'Administration qui a, du reste, édicté elle-même les lois qui règlent dans tous les détails la façon dont doit être traité le travailleur, possède une surveillance continue sur toutes les exploitations, et dispose de toutes les sanctions qu'elle juge nécessaires. L'industriel a tout intérêt à disposer de la main-d'œuvre physiquement et moralement la plus saine possible, son rendement étant directement influencé par ces deux facteurs. Connaissant les moyens dont peut disposer l'industriel d'une part, et, d'autre part la façon de vivre de l'indigène livré à lui-même dans les huttes de ses villages, il n'est pas difficile d'imaginer de combien toutes les conditions de vie des ouvriers sont supérieures à celles-ci.

Ne prenons comme exemple que le taux de mortalité et surtout de mortalité infantile dans les villages et dans les plantations. Une fois de plus nous devons recourir à l'exemple des Indes où *la création des hôpitaux et par conséquent l'amélioration de l'état sanitaire de toute la population a suivi l'installation des plantations*. Il n'est pas rare de voir dans des milieux où plus de 30 % de la population était malade ce chiffre réduit maintenant à 0,5 à 1 %.

La malaria et l'ankylostomiase décimaient et déciment encore dans certaines régions la population indigène. Les remèdes définitifs contre ces deux fléaux existent, mais leur application exige une discipline et un contrôle qui peuvent être obtenus aisément là où les malades peuvent être groupés comme dans un hôpital ou dans une plantation. Le traitement restera illusoire dès qu'il s'adressera, même sous l'égide d'un service d'hygiène officiel, à l'indigène chez lui. Nous n'avons parlé que des deux principales affections tropicales, mais ceux qui les ont vu l'ont constaté, l'outillage moderne de la plupart des hôpitaux de plantations permet de soigner toutes les maladies et d'entreprendre presque toutes les opérations chirurgicales.

Ces hôpitaux existent dans les pays de main-d'œuvre abondante. Ne semble-t-il pas de première nécessité, dans les colonies d'Afrique, où la main-d'œuvre fait tant défaut, de l'empêcher le plus possible d'être malade et de mourir ?

Au point de vue des habitations et de l'hygiène qui y règne il suffit de comparer les villages construits d'une pièce et en matériaux résistants que les planteurs mettent à la disposition de leurs travailleurs et les masures sans air ni lumière, sans aucun confort ni hygiène que ce même travailleur habite dans son pays. Ici encore l'Administration intervient activement et n'autorise le recrutement d'ouvriers que lorsque les locaux pour leur logement répondent à toutes les conditions requises. Celles-ci s'appliquent aux dimensions des locaux, à la distribution d'eau, aux installations sanitaires (latrines et douches), à l'écoulement des eaux de pluie par un système de rigoles en ciment, etc.

Il en est de même pour la nourriture des ouvriers qui leur est garantie. Elle est saine et régulière, ce qui est loin d'être le cas général pour l'autochtone isolé même propriétaire de terres et de palmiers.

L'ensemble des effets d'une bonne habitation, d'une alimentation soignée et de soins sanitaires adéquats sont démontrés brillamment par les travailleurs eux-mêmes qui après très peu de temps du régime d'ouvriers ne ressemblent plus en rien aux indigènes souvent chétifs qu'ils étaient en quittant leurs villages.

Les planteurs soucieux de fixer dans les pays exploités une population de travailleurs, n'ont pas hésité de créer à Sumatra de vraies colonies ouvrières où chaque travailleur ou ménage de travailleur dispose d'une habitation séparée entourée d'un lopin de terre où peuvent être faites les cultures vivrières. Une organisation spéciale assure d'ailleurs, après un certain temps, la propriété entière de la maison et du jardin à l'ouvrier.

Parlons enfin du salaire dont le montant est fixé par la loi sur le travail. En plus qu'il dépasse souvent ce qu'un indigène isolé peut gagner en moyenne, il tend à introduire une notion inexistante dans la mentalité orientale ou nègre : celle de l'épargne et de la prévoyance. De plus en plus on prend, en effet, des mesures pour que des retraites en argent et en biens immobiliers, soient garanties aux ouvriers qui sont restés un certain temps sur une entreprise.

Après ce que nous avons vu sur le rendement des ouvriers de plantation et sur leur traitement *qui est contrôlé constamment par l'Administration*, il appartiendra à ceux qui veulent faire rendre à l'Afrique Occidentale une quantité d'huile de palme plus en rapport avec la surface exploitée et avec le nombre de palmiers qui existent, de choisir une méthode qui donne des résultats palpables. Trop de discours ont été prononcés sur l'éducation de l'indigène et trop peu de faits ont été posés. Les capitaux qui pourraient être investis en Afrique n'y trouvent pas la confiance nécessaire. Ils ne voient pas d'une façon assez sûre le seul but raisonnable de leur intervention : la garantie de justes bénéfices.

La Nigéria, colonie anglaise de la Côte Occidentale d'Afrique, la plus grande exportatrice d'huile de palme, s'est fortement émue de la naissance de la concurrence orientale. Le rapport du Comité Ellis sur l'avenir du palmier à huile en Afrique Occidentale (1) en fait foi.

Nous craignons que toutes les mesures prises en Nigéria par le Gouvernement anglais pour augmenter et rationaliser la production d'huile de palme, ne donne que des résultats incomplets et temporaires. L'Administration veut garantir à une usine la production en fruits d'une région déterminée. Le problème de la quantité d'huile peut y trouver une solution partielle, mais la qualité du produit restera toujours inférieure puisque la récolte a lieu sans contrôle suffisant par une main-d'œuvre insouciante et sur une superficie relativement grande. Reste le grand point : le prix de revient de l'huile, qui eu égard à la surface exploitée sera toujours supérieure à celui que pourra atteindre une plantation. Les rendements à l'hectare qui agissent directement sur ce prix de revient resteront forcément en dessous de ce qu'ils seront en exploitation rationnelle puisque

---

(1) Rapport du Comité Ellis. *L'avenir du palmier à huile en Afrique Occidentale* (Nigérie). *Bul. Mat. Gras. de l'Inst. Col. de Marseille*, N° 5-6-1925.

les améliorations des méthodes culturales, l'application des engrais et surtout les résultats de la sélection ne pourront être introduits que très lentement ou pas du tout sur des surfaces exploitées par des indigènes.

La Nigéria a du reste envoyé deux de ses spécialistes en mission aux Indes néerlandaises en 1925. Quoique cette mission n'ait pas encore vu les huileries modernes actuelles elle a du conclure à la supériorité manifeste de la plantation et n'a pas hésité à attirer une fois de plus l'attention sur le danger de la concurrence orientale pour les colonies d'Afrique. Le rapport que nous avons cité plus haut en fait foi et la déclaration suivante de M. Smart (faite en 1925) est caractéristique. Il dit : « Je suis d'avis que les encouragements que l'on vient de citer (pour la Nigéria) dans le but d'engager les capitalistes à créer des usines d'huile de palme en Afrique Occidentale constituent le minimum des avantages qui peuvent les inciter à placer leurs capitaux dans ces affaires et qu'il serait beaucoup plus avantageux pour le concessionnaire si on lui donnait immédiatement des avantages plus grands encore afin de le mettre plus rapidement à même (avant que Sumatra n'ait pris les devants) d'attirer vers cette industrie des capitaux assez considérables pour pouvoir la développer. Dans dix ans d'ici, probablement, il sera trop tard pour offrir des avantages et encouragements qui, offerts aujourd'hui, seraient suffisants. »

*
* *

En conclusion :

I. Les Indes ont sur l'Afrique une avance importante dans l'exploitation de l'Elaeis parce que les grandes cultures existent dans ce pays, avec toute l'organisation de services de recherches stables. La main-d'œuvre y est suffisante.

II. L'exploitation du palmier à huile est une *industrie* qui demande une organisation complète. Elle n'est, par suite, plus le fait de l'autochtone d'Afrique. L'huile de palme n'est plus un produit de cueillette pure et diffère en cela d'autres produits que l'indigène peut récolter et livrer au commerce sans transformations. L'exploitation de l'Elaeis exige un statut spécial en Afrique.

III. L'établissement de l'industrie de l'huile de palme ne peut se faire qu'avec l'aide de capitaux européens. Ces capitaux ne s'investiront en Afrique Occidentale que lorsqu'ils y trouveront suffisamment de garanties.

IV. La production actuelle des plantations d'Elaeis d'Orient représente encore moins de 10 % de la production mondiale d'huile de palme. Elle ne constitue donc pas *actuellement* une concurrence quantitative. Les surfaces réservées à cette culture ainsi que les progrès rapides des plantations des Indes ont été signalés depuis longtemps.

La concurrence de qualité existe dès maintenant et est fortement en faveur de l'huile de plantation.

V. Le prix de revient de l'huile de palme est un facteur qui sera également en faveur de l'huile de plantation dans une concurrence éventuelle,

VI. La production de 3.000 kilos d'huile de palme par hectare et par an est atteinte dès maintenant dans les plantations modernes des Indes. La sélection, les méthodes culturales, la fumure et les procédés de fabrication permettront de dépasser ces productions dans l'avenir.

VII. La plantation d'Elaeis est au point de vue financier une très bonne affaire. Dans certains pays elle permet à ceux qui n'ont fait jusqu'à présent que de la monoculture de l'hévéa de diviser leurs risques sur plusieurs hectares.

Type de palmier à huile cultivé à Sumatra
(Quatre ans et demi de plantation)

Plantation en savane à Sumatra (Deux-ans et demi de plantation)

Pl. II

Palmiers plantés dans la tourbe à Bokit-Rada (Sumatra)

Palmiers plantés dans la tourbe à Bokit-Rada (Sumatra)

Culture en savane à Sumatra
Palmiers d'un an et demi de pépinière mis en place
(Six mois de plantation)

Culture en savane à Sumatra
Palmiers d'un an et demi de pépinière mis en place
(Neuf mois de plantation)

Palmier porte-graines
Régimes fécondés artificiellement en voie de maturation

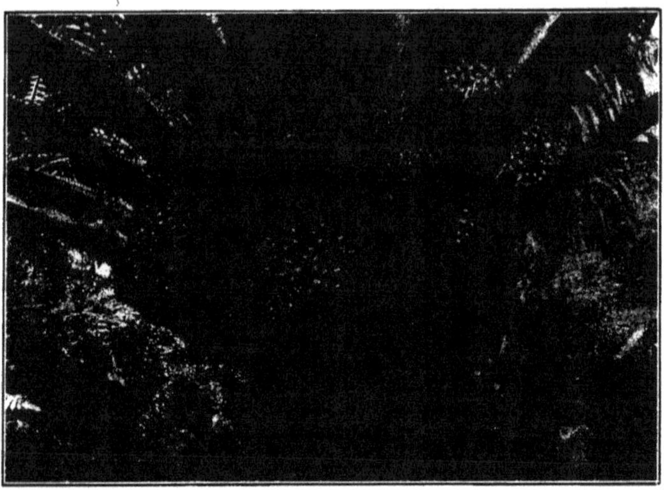

Fructification du palmier reproduit à la page précédente

Culture en savane à Sumatra
Labour des lignes dans le lalang

Savane de Dabou
Germoirs
Union Tropicale de Plantations
(Société Financière des Caoutchoucs)

Savane de Dabou
Pépinières de palmiers de Sumatra
Union Tropicale de Plantations
(Société Financière des Caoutchoucs)

Savane de Dabou
Pépinières de palmiers de Sumatra
Union Tropicale de Plantations
(Société Financière des Caoutchoucs)

Savane de Dabou
Pépinières de palmiers de Sumatra
Union Tropicale de Plantations
(Société Financière des Caoutchoucs)

Savane de Dabou
Plantation en 1924-1925 en bandes labourées
Union Tropicale de Plantations
(Société Financière des Caoutchoucs)

Savane de Dabou
Plantation en 1924-1925 en bandes labourées
Union Tropicale de Plantations
(Société Financière des Caoutchoucs)

Savane de Dabou
Plantation en 1925-1926, 2 mois après la plantation
Union Tropicale de Plantations
(Société Financière des Caoutchoucs)

Savane de Dabou
Plantation en 1925-1926
Union Tropicale de Plantations
(Société Financière des Caoutchoucs)

LE TRAITEMENT DES FRUITS DU PALMIER A HUILE

Nouveaux procédés et appareils

étudiés

PAR L'INSTITUT COLONIAL DE MARSEILLE

Le Traitement des Fruits du Palmier à Huile

Nouveaux Procédés et Appareils

étudiés

PAR L'INSTITUT COLONIAL DE MARSEILLE

Nous avons exposé, dans la note que nous avons publiée dans le tome III des Mémoires et Rapports sur les Matières Grasses, *Le Palmier à Huile*, l'état actuel des procédés de préparation de l'huile et des amandes de palme, en même temps que nous indiquions les études de l'Institut Colonial de Marseille sur ce sujet.

G. Van Pelt a, d'autre part, consacré un chapitre de sa nouvelle étude sur le palmier à huile à l'exposé des procédés appliqués par les plantations de Sumatra et il a décrit les installations et appareils qui y sont en usage.

Nous ne reviendrons donc pas sur tout ceci et nous voudrions simplement résumer ici les recherches effectuées par l'Institut Colonial depuis nos précédenes publications en vue d'obtenir une méthode simple et efficace adaptée plus spécialement aux conditions de l'Afrique où, pour le moment, l'on ne peut envisager des installations aussi importantes que celles qui ont été établies pour les grandes plantations de Sumatra.

Nous devons tout d'abord indiquer que l'étude très approfondie à laquelle nous avons procédé depuis que nous nous occupons de la question de l'établissement et de l'emploi de matériel à l'usage des indigènes nous a amenés à conclure que ce matériel ne peut procurer qu'une économie de main-d'œuvre et une amélioration de rendement trop faible pour en justifier l'adoption.

En effet, quel que soit le modèle employé, le matériel à main ne permet guère d'extraire du fruit que 60 % de l'huile qu'il contient et le rendement journalier en huile par tête de travailleur n'arrive qu'exceptionnellement à 20 kilos.

Ces résultats sont insuffisants pour que l'on puisse penser qu'en dehors de la pression qui peut être exercée momentanément sur eux par l'administration, les indigènes feront les dépenses d'achat et d'entretien de ces appareils et renonceront aux méthodes auxquelles ils sont habitués.

D'autre part, on ne peut guère envisager pour le moment en Afrique, en raison des difficultés d'approvisionnement, l'établissement d'usines d'une capacité supérieure de 10 à 15 tonnes de fruits par jour. Dans ces conditions, le matériel qui a été étudié pour les grandes plantations d'Extrême-Orient où l'on arrive à traiter jusqu'à 50 et 100 tonnes de fruits par jour ne pourrait être adopté en Afrique, en raison de son prix trop élevé et de la complication des opérations.

La première simplification qu'il nous paraît nécessaire à envisager est de diminuer l'importance des presses et pour cela de procéder au dépulpage des fruits avant pression (diminution du nombre de presse). et la seconde est d'adopter une pression moins forte que celle appliquée en Extrême-Orient (diminution du poids et du prix des presses).

Jusque dans ces derniers temps tous les auteurs qui ont étudié la question ont déclaré que l'on ne disposait pas d'un dépulpeur convenable.

Les dépulpeurs qui avaient été établis précédemment donnaient, en effet, des résultats insuffisants, à l'exception de celui de Trevor qui avait contre lui sa complication et son usure rapide.

Cette difficulté est, dès maintenant, résolue par la mise au point dans nos laboratoires du dépulpeur de M. Sigg qui donne des résultats très satisfaisants. D'autres constructeurs français nous ont soumis également des modèles de dépulpeurs encore à l'étude.

D'autre part, on assurait que le dépulpage préliminaire présentait l'inconvénient qu'en pressant la pulpe seule on obtenait une huile. très chargée en impuretés. inconvénient que nous avons réussi à éviter, ainsi que nous l'expliquerons plus loin.

La deuxième simplification consistant à adopter pour les presses une pression moindre paraît, à première vue, incompatible avec un rendement suffisant en huile. Néanmoins, nous avons trouvé qu'à la sortie du dépulpeur Sigg, la pulpe a été tellement déchiquetée qu'elle rend son huile plus facilement que la masse des fruits entiers simplement malaxés, telle qu'on la traite dans le procédé en usage à Sumatra.

C'est ainsi qu'en adoptant une pression de 40 kilos seulement sur la pulpe, nous obtenons de 85 à 90 % d'huile extraite.

Van Pelt nous dit (voir page 83 du présent volume) que le fruit d'elaeis contient 28 à 30 % d'huile à Sumatra et que l'application de la basse et de la haute pression permet d'extraire actuellement jusqu'à 25 % d'huile. Ce maximum correspond donc à un rendement de 90 % d'huile environ. Or, la basse pression est de 70 kilos et la haute pression de 350, tandis que nous obtenons un résultat analogue avec une seule pression de 40 kilos seulement.

En ce qui concerne l'objection que l'on obtient des huiles très impures en pressant la pulpe seule, elle paraît tout à fait justifiée et pour essayer de vaincre cette difficulté, nous avons étudié le traitement des olives où la matière à traiter est également une pulpe.

Il nous a paru cependant nécessaire de trouver un moyen d'éviter l'emploi de scourtins en raison de leur usure.

Dans le dépulpage des fruits du palmier à huile, il y a toujours un pourcentage très faible de noix cassées qui passe dans la pulpe avec les débris de coques. Ces débris de coques sont de dimension appréciables et détérioreraient très rapidement les scourtins.

Nous avons alors examiné une presse travaillant sans scourtin, munie d'un système filtrant spécial, la presse Estrayer-Gueidon, que M. Bonnet, Directeur de l'Oléiculture, a eu l'idée, tout récemment, d'appliquer au traitement de l'olive.

Cette presse donne avec la pulpe d'elaeis une huile fort peu chargée en boues, pas plus de 5 %, dont les trois quarts se déposent très rapidement à la sortie de la presse, de sorte qu'il ne reste à épurer qu'une huile titrant 1 à 1,5 d'impuretés, ce que l'on peut faire dans un centrifuge sans avoir besoin de courir à des bacs de décantation encombrants et coûteux où la qualité de l'huile ne peut que souffrir.

Nous avons utilisé pour cette épuration le centrifuge Alfa Laval et qui a suffi parfaitement à éliminer cette très légère proportion d'impureté.

Ces essais et ces constatations nous conduisent finalement à préconiser le processus suivant :

Stérilisation et malaxage du fruit entier égrappé;
Dépulpage;
Chauffage de la pulpe;
Pression de la pulpe;
Centrifugation de l'huile obtenue.

Nous n'avons aucune raison de penser que cette manière simple de procéder ne pourrait être appliquée avec avantage même dans les grandes installations où elle introduirait de très grandes économies de matériel.

D'autre part, nous avons publié précédemment les résultats que nous avons obtenus par l'emploi des dissolvants pour le traitement des fruits.

Nos essais successifs nous ont amené à penser que l'emploi le plus rationnel des dissolvants là où il paraît possible consisterait à enlever du fruit par une première pression une grande partie de l'huile et de l'eau qu'il contient.

Cette pression qui peut se faire sur le fruit entier non dépulpé et simplement réchauffé à l'aide des appareils à vis construits spécialement dans ce but, tel que le pressoir Colin-Lelogeais, permet d'enlever très facilement de 60 à 70 % d'huile. Le fruit est ensuite défibré par les défibreurs ordinaires utilisés. Lorsque l'on presse le fruit entier, la pulpe qui a été ainsi partiellement deshuilée et deshydratée, peut alors passer avantageusement dans les appareils à dissolvant, après séchage préalable dans certains cas.

En ce qui concerne le traitement des amandes (concassage et séparation des coques) la seule difficulté qui reste pratiquement à résoudre est la découverte d'appareils permettant la séparation des coques à sec, la méthode employée à Sumatra étant la méthode humide qui nécessite des opérations supplémentaires que le triage à sec permettrait d'éviter.

Nous poursuivons avec le concours de divers constructeurs l'étude de la question et les résultats obtenus sont, dès maintenant, des plus encourageants, mais nous attendons le résultat que donneront les appareils qui sont actuellement en essai de fonctionnement avant d'en parler avec plus de détail.

*
* *

Nous publions ci-dessous les rendements que nous avons obtenus, au cours des essais dont nous venons de nous rendre compte, par pression de la pulpe en recherchant quelle était la pression nécessaire et suffisante.

Ces essais ont porté sur plusieurs milliers de kilogrammes de fruits d'origine africaine.

Essai A (pression 20 kilos)

Composition de la pulpe avant traitement :

Eau	24,48 %
Huile	37,89 %
Fibre	37,63 %

Composition de la pulpe après traitement :

Eau	34,62 %
Huile	11,33 %
Fibre	54,05 %

Nous avions donc extrait 79,19 % de l'huile contenue dans la pulpe et le tourteau résiduel contenait 17,33 % d'huile calculée sur la matière sèche.

Essai B (Pression 30 kilos)

Composition de la pulpe avant traitement :

Eau	25,83 %
Huile	34,12 %
Fibre	40,05 %

Composition de la pulpe après traitement :

Eau	26,60 %
Huile	9,93 %
Fibre	64,47 %

Nous avions donc extrait 81,92 % de l'huile contenue dans la pulpe et le tourteau résiduel contenait 13,34 % d'huile calculée sur la matière sèche.

Essai C (pression 35 kilos)

Composition de la pulpe avant traitement :

Eau	23,22 %
Huile	35,45 %
Fibre	41,33 %

Composition de la pulpe après traitement :

Eau	28,20 %
Huile	9,56 %
Fibre	62,24 %

Nous avions donc extrait 82,09 % de l'huile contenue dans la pulpe et le tourteau résiduel contenait 13,33 % d'huile calculée sur la matière sèche. k

Essai D (pression 40 kilos)

Composition de la pulpe avant traitement :

Eau	22,93 %
Huile	35,63 %
Fibre	41,44 %

Composition de la pulpe après traitement :

Eau	....	24,02 %
Huile	....	9,24 %
Fibre	....	66,74 %

Nous avions donc extrait 83,90 % de l'huile contenue dans la pulpe et le tourteau résiduel contenait 12,16 % d'huile calculée sur la matière sèche.

Essai E (pression 40 kilos)

Composition de la pulpe avant traitement :

Eau	....	16,38 %
Huile	....	37,01 %
Fibre	....	46,61 %

Composition de la pulpe après traitement :

Eau	....	14,02 %
Huile	....	7,06 %
Fibre	....	78,92 %

Nous avions donc extrait 88,8 % de l'huile contenue dans la pulpe et le tourteau résiduel contenait 8,21 % d'huile calculée sur la matière sèche.

Essai F (pression 40 kilos)

Composition de la pulpe avant traitement :

Eau	....	15.42 %
Huile	....	35,62 %
Fibre	....	48,96 %

Composition de la pulpe après traitement :

Eau	....	18,31 %
Huile	....	8,31 %
Fibre	....	73,38 %

Nous avions donc extrait 84,2 % de l'huile contenue dans la pulpe et le tourteau résiduel contenait 10,17 % d'huile calculée sur la matière sèche.

Les essais C et D ont été effectués sur de la pulpe provenant de fruits que nous avions dans notre laboratoire depuis près d'un an. Tous les autres essais ont été effectués sur de la pulpe de fruits récemment reçus. Ceci explique pourquoi les taux d'extraction C et D ont été inférieurs à ce que l'on pouvait attendre d'après les autres résultats.

Dans les essais A, B, C, D, les fruits avaient été réchauffés avant dépulpage par injection de vapeur : ce qui explique les pourcentages d'eau élevés.

Dans les essais E et F, les fruits avaient été réchauffés avant dépulpage dans un récipient à double enveloppe, d'où le faible pourcentage en eau de la pulpe.

Ces résultats nous paraissent d'autant plus intéressants que les divers auteurs qui ont étudié la question sont unanimes à déclarer que les appareils connus jusqu'ici ne permettaient pas d'effectuer d'une manière satisfaisante le dépulpage avant pression, et que, d'autre part, la pression du fruit entier qui est seule pratiquée jusqu'ici dans les usines de Sumatra laisse dans l'huile un pourcentage d'impuretés qui. dépasse 10 %, ce qui empêche l'épuration par simple centrifugation.

B. Bunting, B. J. Eaton et C. D .V. Georgi déclarent dans la notice qu'ils ont consacrée au Palmier à Huile en Malaisie (1) :

« Pour autant que nous le savons, une bonne machine à dépéricarper « n'a pas encore été établie pour fonctionner d'une manière continue sur « une grande échelle ».

Ir. H. N. Blommendaal écrit (2) :

« On a construit un nombre considérable de dépulpeurs qui n'ont pas « donné des résultats satisfaisants. Les constructeurs ont suivi des prin- « cipes très différents, ce qui prouve bien que le problème est difficile.

« Les principales objections que l'on peut faire au dépulpage sont que « les machines s'obstruent et qu'il y a ensuite la plus grande difficulté à « presser la pulpe seule. En outre, les fibres restant adhérentes aux noix « contiennent toujours une quantité d'huile plus grande que dans le cas « des fruits ayant subi une première pressée ».

Le dépulpeur Sigg évite complètement cet inconvénient du bourrage et les noyaux sortent parfaitement défibrés.

---

(1) « The Oil Palm in Malaya », *The Malayan Agricultural Journal*, Vol. XV, Sept.-Oct. 1927. Nᵒˢ 9-10.
(2) « De Fabricage van Palmolie », Mededeelingen van het Algemeen Proefstation der A.V.R.O.S., Algemeene serie Nᵒ 33.

ANNEXE

MÉTHODE DE DOSAGE RAPIDE DE L'ACIDITÉ DE L'HUILE DE PALME

Il nous paraît utile de reproduire ici l'indication du mode opératoire que nous avons combiné, à la demande qui nous en a été faite par les entreprises exploitant l'huile de palme, pour leur permettre de se rendre compte facilement de la teneur en acide gras de ces huiles au moment de l'achat aux indigènes. (Voir *Bulletin des Matières Grasses*, n° 7-1921).

Le dosage de l'acidité de l'huile de palme par la méthode ordinaire nécessite l'emploi d'une balance et de calculs qui en font une opération qui n'est pas absolument simple et qui prend environ un quart d'heure.

Afin de rendre plus simple ce dosage, pour permettre de l'effectuer dans les opérations d'achat dans les pays de production, dont nous avons cherché à modifier la méthode ordinaire de façon à la rendre extrêmement simple et pratique, en supprimant tout calcul et toute pesée. Nous avons adopté pour densité de l'huile de palme la valeur 0,9, ce qui n'est pas loin de la vérité pour les températures auxquelles on opérera. L'exactitude est évidemment diminuée, mais reste néanmoins très suffisante puisque l'on obtient l'acidité avec une erreur qui ne doit pas dépasser 5 %. Par exemple, si l'appareil indique 10 et si l'opération a été faite avec tant soit peu de soin, on peut être sûr que l'acidité vraie est comprise entre 9,5 et 10,5.

Un opérateur un peu exercé ne mettra pas plus de 5 minutes pour effectuer une détermination et, avec un matériel suffisant, deux opérateurs doivent pouvoir faire, par cette méthode, au moins 30 dosages en une heure.

Matériel nécessaire

    1 support de burette;
    1 burette à robinet graduée de 0 à 60;
    1 éprouvette à pied avec trait à 7,8 cc.;
    1 lampe à alcool;
    1 flacon compte-gouttes (phénolphtaléine);
    1 fiole conique;
    1 agitateur en verre;
    flacon solution demi-normale de soude.

Mode opératoire

1° Fixer la burette à robinet sur son support, à hauteur convenable et la remplir de solution de soude un peu au-dessus du zéro.

2° Mettre environ 30 à 40 cc. d'alcool à brûler dans la fiole conique; y ajouter deux ou trois gouttes de solution de phénolphtaléine et agiter. Si le liquide prend une teinte rose, il est prêt pour l'emploi. S'il reste incolore, y laisser tomber quelques gouttes de solution de soude (une ou deux suffisent généralement- jusqu'à obtention de la teinte rose. Ne verser que la quantité strictement nécessaire. Si la teinte rose disparaît au bout d'une minute environ, cela n'a pas d'importance et il ne faut pas ajouter de soude à nouveau.

3° Remplir l'éprouvette à pied de l'huile de palme à examiner (à l'état liquide) jusqu'au trait 7,8. Si l'on a dépassé le trait, enlever l'excès avec du papier buvard.

4° Verser les 7,8 cc. d'huile dans la fiole conique contenant la solution d'alcool et de phénolphtaléine et rincer à plusieurs reprises l'éprouvette avec l'alcool contenu dans la fiole conique. Faire chauffer la fiole au-dessus de la lampe à alcool en la tenant à la main et en l'agitant. Faire attention à ce que l'alcool ne s'enflamme pas. L'huile en dissolution a fait disparaître la teinte rose de l'alcool si celle-ci avait persisté.

5° Amener le niveau supérieur du liquide à zéro dans la burette à robinet, en laissant tomber l'excès goutte à goutte dans un récipient quelconque.

6° Placer la fiole conique sous la burette et ouvrir le robinet de façon à laisser tomber la solution de soude goutte à goutte dans la fiole, en agitant celle-ci constamment. De temps en temps, réchauffer la fiole sur la lampe à alcool. Quand on a obtenu dans la masse une teinte rose persistante, l'opération est terminée. Le chiffre lu sur la burette en face du niveau liquide (0 à 60) représente l'acidité de l'huile étudiée (exprimée en acide oléique).

La teinte rose doit persister pendant une minute ou deux. Si elle disparaît à la longue, cela n'a pas d'importance et il ne faut pas ajouter à nouveau de la soude.

Recommandations

Tenir les flacons bien bouchés.

Si l'on veut laisser la solution de soude dans la burette pour des opérations ultérieures, boucher la burette avec un bouchon de liège.

La solution de soude doit être conservée dans des bouteilles bien bouchées.

Nous ajouterons que cette méthode a été mise dans le domaine public par la publication que nous en avons faite dans le *Bulletin des Matières Gresses* en 1921, et qu'elle ne peut être brevetée.

A STIELTJES,
Directeur des Services Techniques de l'Institut Colonial de Marseille.

LABORATOIRES INDUSTRIELS
DE L'INSTITUT COLONIAL DE MARSEILLE

Laboratoire de chimie

Machines d'étude des Céréales et du Caoutchouc

Huilerie (partie nord)
Extraction par solvant, saponification
Appareils à main pour fruits de palmier à huile et arachides

Appareil d'extraction supercentrifuge Sharples
Cuve de saponification

Huilerie (partie Sud)

Huilerie

Pression et épuration

Appareils pour fruits de palmier à huile

Presses à huile et dépulpeur

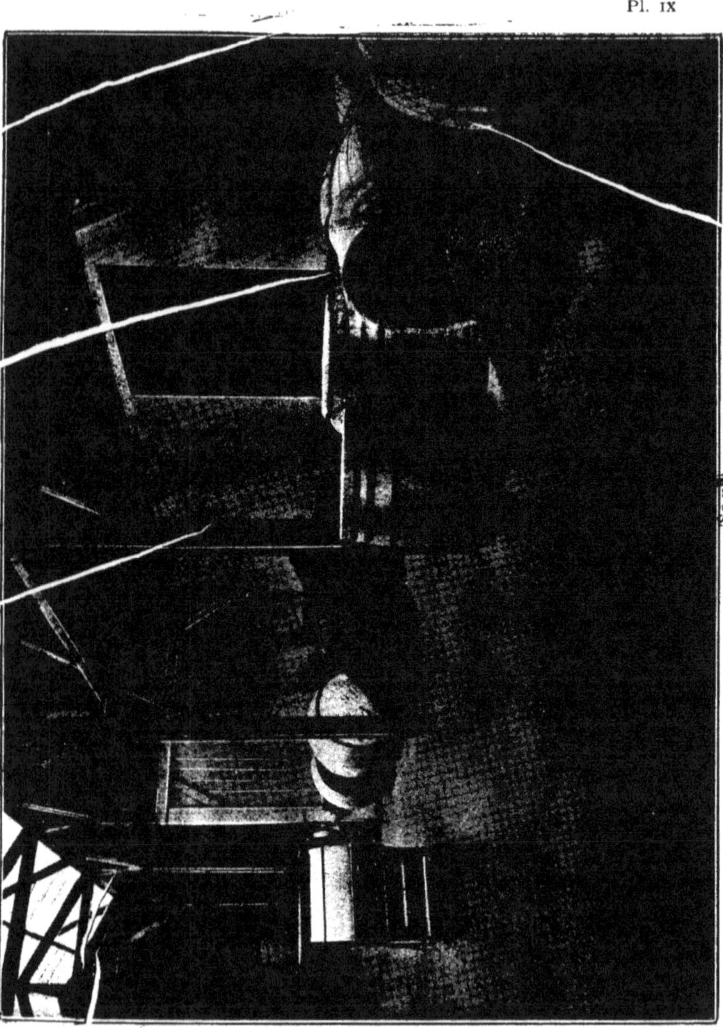

Fruits et graines pour essais

Presse Estrayer Gueidon , son chauffoir et sa chaudière

Presse Extrayer-Gueidon

Pompe de la presse Estrayer-Gueidon

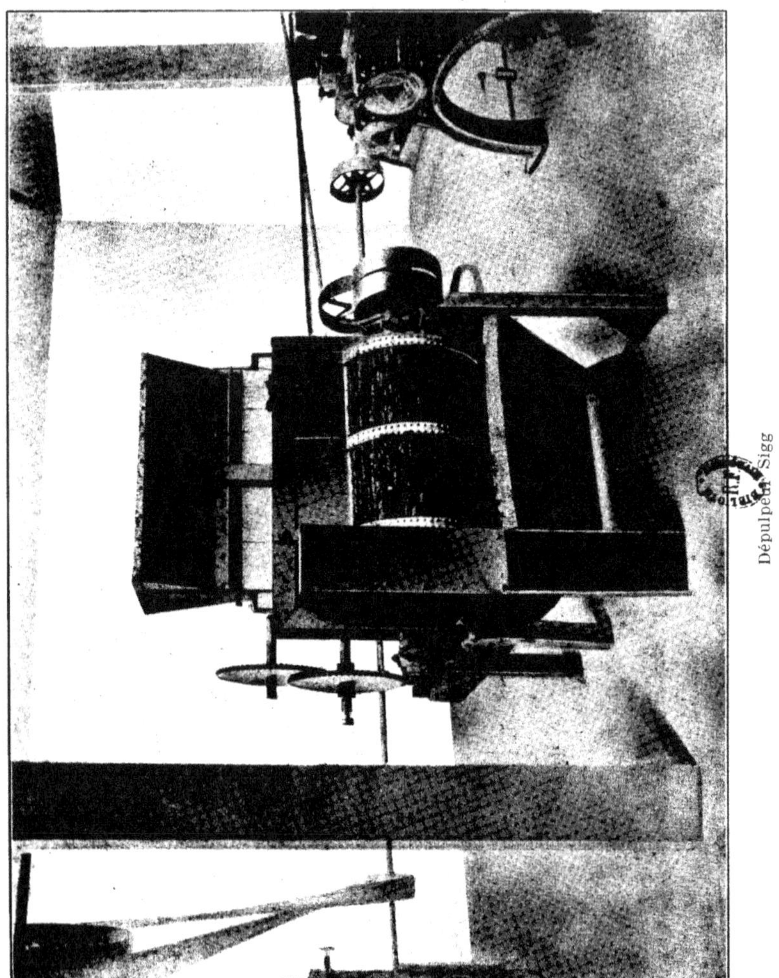

Dépulpeur Sigg

Presse continue Sigg

Concasseur delgeais

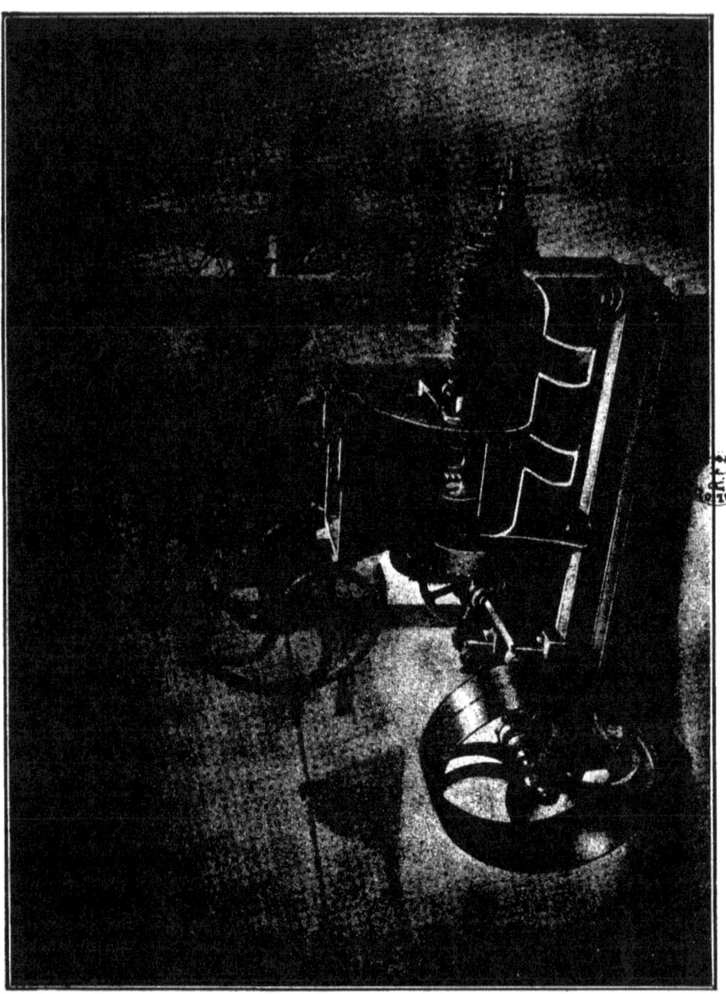

Presse continue Lelogeais

Concasseur Olier

Dépulpeur Olier

Séparateur centrifuge de Laval

Convertiss[...] et broyeur

TABLE DES MATIÈRES

LE TRAITEMENT DES FRUITS DU PALMIER A HUILE

Nouveaux Procédés et Appareils

étudiés

PAR L'INSTITUT COLONIAL DE MARSEILLE

Annexe

PLANCHES

LABORATOIRES INDUSTRIELS
DE L'INSTITUT COLONIAL DE MARSEILLE

Toulouse. — Imprimerie du Centre, 28, allée Jean-Jaurès. — X. 901 — Janvier 1930.